中华人民共和国农业部
Ministry of Agriculture of the People's Republic of China
渔业渔政管理局

请输入关键词   搜索

机构职能   政务信息报送   统计资料报送   价格信息报送   渔政指挥系统（联通）   渔业船员管理系统

当前位置：首页 > 机构 > 渔业渔政管理局

全国渔港监督暨安全生产座谈会顺利召开

工作动态 通知公告	更多>>
· 2016—2017年度全国平安渔业示范县名单公示	01-15
· 农业部办公厅关于印发《海洋牧场建设专家咨询...	01-10
· 农业部办公厅关于公布农业部水产健康养殖示范...	01-08
· 农业部发布关于2018年实施中韩渔业协定有关问...	01-04
· 中华人民共和国农业部公告第2619号	01-03
· 农业部关于成立第二届农业部水产养殖病害防治...	12-15
· 关于"2017年中国技能大赛——全国农业行业职...	12-14
· 关于拟定2017年度渔业文明执法窗口单位的公示公告	12-12

■ 机构职能

最新消息

🈲 机构职责

🔗 内设机构

综合处　　　政策法规处

计划财务处　　渔情监测与市场加工处

科技与质量监管处　　养殖处

渔船渔具管理处　　远洋渔业处

资源环保处(水生野生动植物保护处)　　国际合作与周边处

渔政处

安全监管与应急处（渔港监督处）

最新消息	
· 2016—2017年度全国平安渔业示范县名单公示	01-15
· 张显良：深入贯彻十九大精神，加快推进渔业信息化的战略思考	01-15
· 澜沧江-湄公河合作第二次领导人会议在柬埔寨金边举行，六国领导人共同规划澜...	01-15
· 东海油轮起火海鱼不能吃了？专家：不必过度恐慌	01-15
· 2017年宁夏渔业创新工作亮点纷呈	01-12
· 休闲渔业两不误　唱响脱贫致富曲	01-12
· 海口多举措整治水产养殖污染	01-12
· 沈阳将举行第六届康平卧龙湖大辽文化冬捕节	01-12

综合信息 部局文件 政策解读	更多>>
· 沈阳将举行第六届康平卧龙湖大辽文化冬捕节	01-12
· 喜马拉雅山间兴渔业 高原边境小县摘"穷"帽	01-12
· 中国最高山堰塞湖冬捕大幕开启 首网捕鱼18万斤	01-09
· 京津冀联合举办"京津冀水产产业技术体系交流会"	01-08
· 吉林查干湖冬捕开网 再现千年"渔猎文化"	01-08
· 福建省渔业互保保费规模突破2亿	01-03

■ 相关链接

· 中央人民政府网

· 中国农业信息网

· 水产科技信息网

· 渔业船舶检验局

· 中国渔业协会

· 中国水产学会

· 中国渔业互保协会

· 中国水产流通与加工协会

· 中国远洋渔业信息网

· 水生生物资源养护信息采集系统

发展规划 渔情信息 科技质量	更多>>
· 《全国渔船检验"四大体系"建设规划（2018-2022）》正式发布	01-04
· 福建省海洋与渔业厅部署深远海养殖发展规划编制工作	01-03
· 浙江苍南石砰渔港升级改造项目实施方案通过专家评审	12-07
· 湖州市长兴县农业局召开养殖水域规划编制推进会	11-09
· 辽宁省渔港升级改造和整治维护项目管理培训会议顺利召开	11-03
· 2017年水产优势品种引进更新与改良项目年度现场验收顺利通过	10-18

彩图1　中国渔业政务网页面信息系统链接入口（http://www.yyj.moa.moa.cn/）

彩图2　全国水生生物资源养护信息采集系统首页（http://zyyh.cnfm.com.cn/）

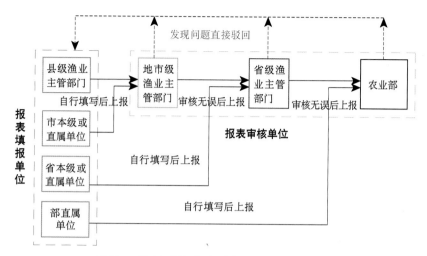

彩图3　资源养护信息采集工作正常流程图

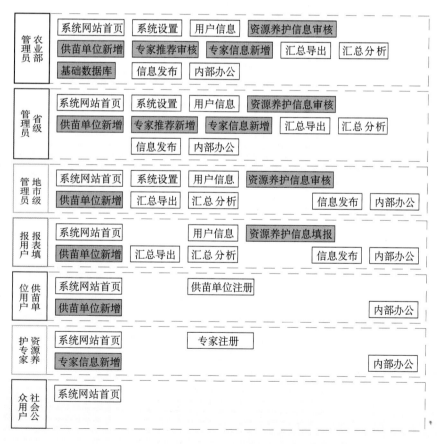

彩图4　各个用户权限下的系统具体功能展示图

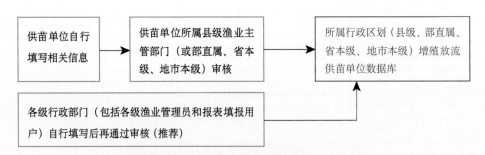

彩图5　增殖放流供苗单位数据库建立流程图

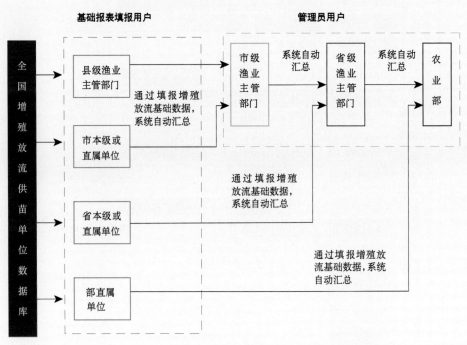

彩图6　中央财政增殖放流供苗单位信息采集流程图

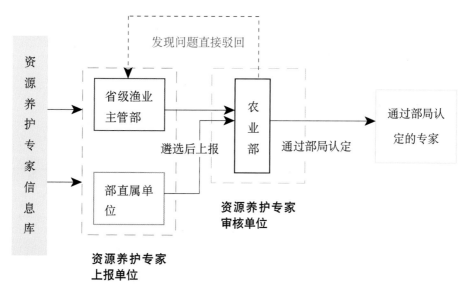

彩图7 资源养护专家上报流程图

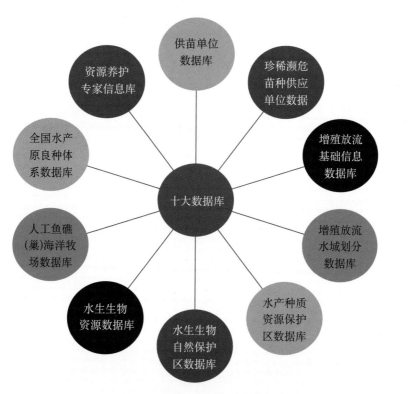

彩图8 信息系统十大数据库

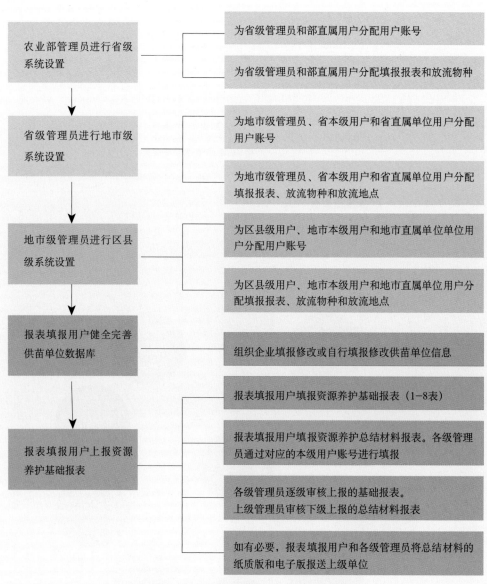

农业部管理员进行省级系统设置 —— 为省级管理员和部直属用户分配用户账号

为省级管理员和部直属用户分配填报报表和放流物种

省级管理员进行地市级系统设置 —— 为地市级管理员、省本级用户和省直属单位用户分配用户账号

为地市级管理员、省本级用户和省直属单位用户分配填报报表、放流物种和放流地点

地市级管理员进行区县级系统设置 —— 为区县级用户、地市本级用户和地市直属单位单位用户分配用户账号

为区县级用户、地市本级用户和地市直属单位用户分配填报报表、放流物种和放流地点

报表填报用户健全完善供苗单位数据库 —— 组织企业填报修改或自行填报修改供苗单位信息

报表填报用户上报资源养护基础报表 —— 报表填报用户填报资源养护基础报表（1-8表）

报表填报用户填报资源养护总结材料报表。各级管理员通过对应的本级用户账号进行填报

各级管理员逐级审核上报的基础报表。上级管理员审核下级上报的总结材料报表

如有必要，报表填报用户和各级管理员将总结材料的纸质版和电子版报送上级单位

彩图9　信息系统填报工作正常程序图

6

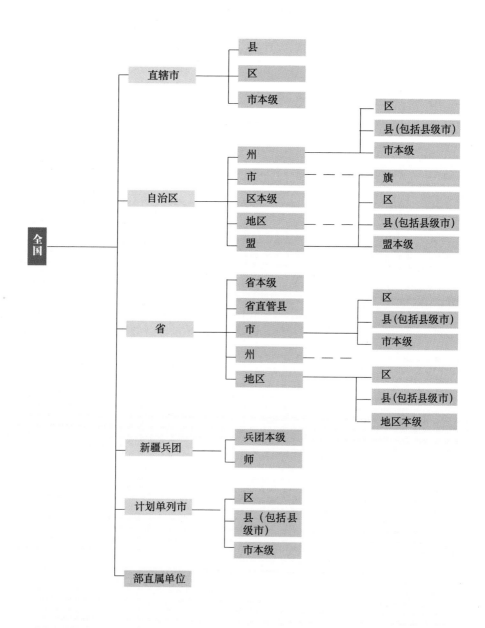

彩图10　系统行政区域设置图（图中灰色方框均为基本填报单元）

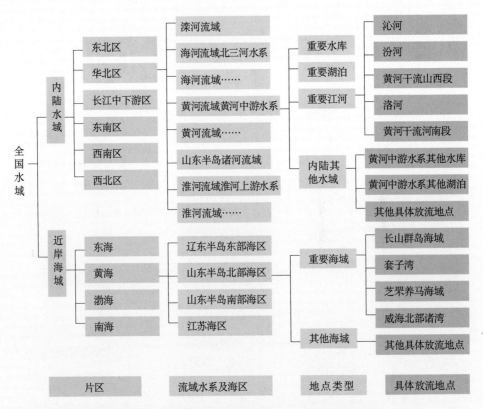

彩图11　全国水生生物增殖放流地点划分结构图

彩图12　水生生物资源数据库

水生生物资源养护
信息采集系统

农业部渔业渔政管理局
全国水产技术推广总站　中国水产学会　组编

中国农业出版社

图书在版编目（CIP）数据

水生生物资源养护信息采集系统/农业部渔业渔政
管理局，全国水产技术推广总站，中国水产学会组编.
—北京：中国农业出版社，2018.3
ISBN 978-7-109-22762-0

Ⅰ.①水… Ⅱ.①农…②全…③中… Ⅲ.①水产资
源—资源保护—管理信息系统 Ⅳ.①S937

中国版本图书馆CIP数据核字（2017）第033782号

中国农业出版社出版
（北京市朝阳区麦子店街18号楼）
（邮政编码100125）
责任编辑　张艳晶　郑珂
───────────────────
中国农业出版社印刷厂印刷　　新华书店北京发行所发行
2018年3月第1版　　2018年3月北京第1次印刷
───────────────────
开本：700mm×1000mm　1/16　印张：18.5　插页：4
字数：300千字
定价：60.00元
（凡本版图书出现印刷、装订错误，请向出版社发行部调换）

编辑委员会

主　　任　肖　放

副 主 任　韩　旭　刘忠松　郭　睿

主　　编　罗　刚　邹国华　陈圣灿

编　　者（按姓名笔画排序）

马晨光　王云中　王庆宁　卢　晓　李　刚

李　娇　杨文波　吴珊珊　邹国华　张　宇

陈丕茂　陈圣灿　罗　刚　郝向举　姜　波

郭　睿　涂　忠　董天威　韩　枫

当前，农业部高度重视渔业信息化工作，将渔业信息化作为推进渔业供给侧结构性改革，加快渔业转方式调结构，促进渔业转型升级的强大推动力和有力的抓手，大力推进"互联网+"现代渔业行动。为进一步加快资源养护工作信息化建设，推动资源养护公共信息服务平台构建，促进资源养护事业科学、规范、有序发展，根据《水生生物资源养护行动纲要》和《国务院关于促进海洋渔业持续健康发展的若干意见》（国发〔2013〕11号）的相关要求，农业部渔业渔政管理局组织开发全国水生生物资源养护信息采集系统（以下简称"信息系统"），并自2016年起正式启用。

信息系统是依托信息技术，实现农业部、省、市、县四级渔业主管部门资源养护基础信息传递的平台。它具备信息报送、信息接收、汇总导出、汇总分析、基础数据库、信息发布、内部办公及后台管理等功能，并可实现增殖放流供苗单位和资源养护专家的信息化管理。信息系统通过采集和汇总分析资源养护基础信息数据资料，系统掌握各地渔业资源养护和水域生态环境保护情况，为资源养护工作的科学规范开展提供重要支撑。

为加快信息系统的推广使用，充分发挥信息系统功能和作用，我们组织编写了《水生生物资源养护信息采集系统》。本书主要介绍了信息系统建设和设计依据、工作流程、功能模块及主要任务，资源养护、增殖放流供苗单位以及专家库信息采集指标体系，信息系统的使用方法，资源养护基础数据库和公共信息服务平台等内容。本书可作为各级渔业主管部门了解掌握信息系统的参考工具，同时也作为开展信息系统培训的辅助教材。

编　　者

2018年2月

contents ｜ **目录**

第二章　水生生物资源养护信息采集指标体系 /039

第三章 水生生物增殖放流供苗单位信息采集指标体系 /077

第四章　水生生物资源养护专家信息采集指标体系 /097

第五章　水生生物资源养护信息采集系统使用 /113

第六章　资源养护基础数据库 /217

第七章　系统首页 /253

附 件　信息系统数据填报字数限制及要求 /271

第一章

概　述

开展资源养护，加强渔业生态文明建设，必须要摸清资源养护的基本情况，掌握资源养护的基础数据。而资源养护种类和养护水域繁多、养护措施多样，传统的调查统计方法、统计手段和制度存在局限，导致相关数据统计分散，缺乏有效的统计机制和科学的统计方法，给基础数据采集和分析工作带来了困难，已不能适应当前资源养护工作发展的需要。特别是随着资源养护工作的不断深入发展，相关工作的科学性规范性要求不断提升。因此，迫切需要利用现代信息技术手段，构建资源养护信息服务平台，建立一套科学完整的信息采集和分析体系，以全面、系统地反映资源养护工作开展和实际成效情况，为相关工作规范开展和科学管理提供重要参考依据，促进相关工作做细做实，提升资源养护管理工作科学化、规范化、精细化水平。

2015年，为加快资源养护工作信息化建设，推动我国水生生物资源养护基础信息采集制度和统计机制建立，农业部渔业渔政管理局委托全国水产技术推广总站组织开发水生生物资源养护信息采集系统。2016年，该系统由上海峻鼎渔业科技有限公司开发完成，并在2016年年底正式上线运行。

第一节 系统建设和设计依据

系统设计依据包括政策依据和具体工作依据。政策依据是指国家的规章制度和政策文件对信息系统建设提出的相关要求，体现了系统建设的必要性。具体工作依据是指信息系统设计所依据的具体文件要求和原始图表，体现了系统设计的规范性。

一、系统建设政策依据

（1）《中国水生生物资源养护行动纲要》第三部分第二条第四款提出"……制定增殖技术标准、规程和统计指标体系……"，第六部分第五条提出"……建立水生生物资源管理信息系统，为加强水生生物资源养护工作提供参考依据……"。

（2）《水生生物增殖放流管理规定》第十七条提出"……县级以上地

方人民政府渔业行政执法应当将辖区内本年度水生生物增殖放流的种类、数量、规格、时间、地点、标志放流的数量及方法、资金来源、放流活动等情况汇总统计，于11月底以前报上一级渔业行政主管部门备案……"。

（3）《农业部关于做好"十三五"水生生物增殖放流工作的指导意见》第四部分第三段提出"……要进一步健全完善增殖放流科技支撑体系，为增殖放流工作提供科学规范指导。着力加强放流效果监测评估，健全增殖放流效果评估和基础数据统计机制，科学评估、充分论证增殖放流效果……"。

（4）《农业部办公厅关于加快推进渔业信息化建设的意见》第一部第二段提出"……资源环境和质量安全是当前我国渔业发展的突出短板，渔业船舶水上安全监管是渔业工作的难题。利用现代信息技术提升渔业管理的专业化、科学化水平，提升渔业资源养护能力，有利于突破资源和生态环境对渔业产业发展的多重约束，促进绿色发展……"。

（5）《农业部办公厅关于进一步规范水生生物增殖放流工作的通知》第一部分第四段提出"……县级以上渔业主管部门应对区域内的中央财政增殖放流项目供苗单位进行全面登记和清理整顿，依托全国水生生物资源养护信息采集系统（以下简称"信息系统"）完善本辖区内供苗单位信息库基础信息，建立统一的管理信息档案……完善中央财政增殖放流项目供苗单位备案核查制度，县级以上渔业主管部门应于每年年底前通过信息系统上报中央财政增殖放流供苗单位相关信息，我部将组织审核和实地抽查，核查不合格的供苗单位将被列入黑名单，同时核查结果还将作为下一年度财政项目资金分配的重要依据……"。第四部分第一段提出"……县级以上渔业主管部门应于每年年底将辖区内本年度水生生物增殖放流基础数据汇总统计，并通过信息系统上报上级渔业主管部门。省级渔业主管部门应加强信息系统使用培训，确保增殖放流基础数据上报准确无误……"。

（6）《关于公开征求〈水生生物增殖放流供苗单位"黑名单"制度（征求意见稿）〉意见的公告》第七条提出"……农业部依托全国水生生物资源养护信息采集系统建立增殖放流供苗单位信用管理信息系统（以下简称"信息系统"），全国水产技术推广总站负责维护信息系统，及时录入更新供苗单位"黑名单"管理信息。各级渔业主管部门逐级上报供苗单位"黑名单"时，应同时通过信息系统上报有关信息……"。

二、系统设计工作依据

（1）《关于报送2017年度水生生物资源养护工作情况的函》（农渔资环便〔2017〕305号）要求"……请对2017年本地区有关资源养护工作情况进行归纳分析，具体要求如下……，请各省级渔业主管部门于11月18日前将总结报告、统计表和有关图文资料以正式文件（同时发送电子版）报送我局，并确保正式文件报送数据与信息系统填报数据一致。为方便核对统计表中相关数据，请明确专人负责填报，并填写统计表中填表人和联系电话等相关信息……"。

（2）《关于报送2017年度中央财政专项转移支付增殖放流项目工作总结的函》（农渔资环便〔2017〕329号）要求"……为全面总结2017年度增殖放流项目实施落实情况,谋划2018年度项目安排,请各单位按照《农业部 财政部关于做好2017年中央财政农业生产发展等项目实施工作的通知》（农财发〔2017〕11号）要求做好2017年度增殖放流项目总结工作，并于12月15日前将工作总结纸质文件报送我局，电子版同时发送至邮箱……"。

（3）《农业部办公厅关于进一步加强水生生物经济物种增殖放流苗种管理的通知》（农办渔〔2014〕55号）提出"……各省（区、市）在报送年度增殖放流转移支付项目总结时，要对苗种生产单位及其参与放流情况进行专门总结，将参与中央财政项目年度经济物种增殖放流苗种生产单位信息汇总表和信息登记表报送我部渔业渔政管理局备案……"。

（4）《农业部办公厅关于2014年度中央财政经济物种增殖放流苗种供应有关情况的通报》（农办渔〔2015〕52号）提出"……请各省（区、市）渔业行政主管部门于10月31日前将2015年经济物种增殖放流供苗单位清理整顿情况报我部渔业渔政管理局，同时提供本年度经济物种增殖放流苗种生产单位信息。我部将对各地上报的供苗单位信息进行审核和实地抽查，并将核查结果进行通报。被通报不合格的供苗单位两年内不得承担中央财政增殖放流项目……"。

（5）《农业部办公厅关于加快水产种质资源保护区划定工作的通知》（农办渔〔2007〕50号）提出"……需要直接划定为国家级水产种质资源保护区或由省级升级为国家级水产种质资源保护区的，……将相关申请文件和材料报我部。我部将及时组织力量进行论证审查，争取年内批准和发布一批国家级水产种质资源保护区……"。

（6）《农业部关于创建国家级海洋牧场示范区的通知》（农渔发〔2015〕18号）

提出"……沿海各省级渔业主管部门对申报材料进行初审后，对符合条件的，填写《国家级海洋牧场示范区创建推荐表》，并将申报材料报送农业部渔业渔政管理局……"。

第二节　目的与意义

渔业信息化是现代渔业的重要标志。通过开展资源养护信息采集工作，建立完善信息采集机制，用现代化信息技术对资源养护信息进行采集、整理、分析，能够极大地提高管理效率，是增强渔业行政主管部门信息化管理水平的迫切需要，对于准确掌握资源养护形势、制定政策规划、推动事业发展具有重要意义。

一、系统设计目的

资源养护信息采集工作就是通过资源养护信息采集系统运行使用，实现资源养护相关信息网上报送，采集资源养护相关工作的基础性信息。通过此项工作开展，逐步完善水生生物资源养护信息采集机制，建立资源养护信息采集体系，构建资源养护公共信息服务平台，将有利于加快资源养护工作信息化建设，进而推动水生生物资源养护事业科学、规范、可持续发展。

二、系统的功能作用

（一）为决策提供参考

通过水生生物资源养护信息采集分析，构建资源养护公共信息服务平台服务资源养护管理工作，系统掌握渔业水域资源养护和生态环境保护及修复情况，科学分析资源养护工作存在的问题，为相关工作规范开展和科学管理提供重要参考依据。

（二）促进工作效能提高

通过软件的开发应用，推动资源养护信息平台整合，促进相关工作高效便捷开展，提升资源养护管理科学化、规范化水平。

（三）强化相关工作监管

通过信息系统运用，逐级采集资源养护基础数据，数据填报责任明确，促进基层填报单位强化数据规范采集意识,有助于各地强化资源养护工作监管,进而推动资源养护工作科学、规范、有序开展。

(四)服务相关科研工作

建立水生生物资源养护信息采集系统,开展资源养护信息采集工作,有助于系统性积累资源养护基础数据,为相关科学研究,特别是增殖放流效果评价和跟踪监测等工作提供重要的基础数据。

(五)促进社会关注和参与

水生生物资源养护信息采集系统还兼具门户网站宣传功能,可以及时发布资源养护方面的通知公告、工作动态、政策法规、技术标准等,信息系统采集的相关资料经审核后以基础数据库的形式向社会发布,有利于社会各界人士了解我国资源养护工作开展情况,共同关注水域生态文明建设。

第三节 系统入口和服务对象

一、系统入口

进行采集系统有两种方法,一是在中国渔业政务网(网址:http://www.yyj.moa.gov.cn/)首页左侧下端相关链接栏(图1-1)(彩图1),点击"水生生物资源养护信息采集系统"即可进入信息系统的用户登录界面(图1-2)(彩图2)。二是直接输入网址http://zyyh.cnfm.com.cn/即可进入信息系统。

二、系统服务对象

包括各级渔业行政主管部门,水生生物资源养护相关科研、教学、推广单位及有关专家,关注水生生物资源养护工作的社会团体组织和个人。

三、系统使用人员

一是农业部及直属单位,主要包括农业部渔业渔政管理局、全国水产技术推广总站、中国水产学会、中国水产科学研究院相关处室工作人员。二是各级渔业行政主管部门资源养护工作相关处(科)室工作人员,直属单位相关工作人员。三是增殖放流供苗单位填报人员。四是资源养护相关专家。五是社会公众。

图1-1　中国渔业政务网信息系统链接入口

图1-2　全国水生生物资源养护信息采集系统首页

第四节 概念与流程

一、资源养护信息采集概念

在信息论中，"信息"是指消息、数据、符号等有意义的内容按照一定关联排列的结果。"资源养护信息"是指与渔业资源和水域生态环境保护有关的一切有价值的数据和资料。目前，资源养护信息采集以水生生物增殖放流、人工鱼礁（巢）/海洋牧场及示范区建设、禁渔区和禁渔期制度实施、自然保护区和水产种质资源保护区建设、濒危物种专项救护、渔业水域污染事故情况调查、渔业生态环境影响评价工作等信息作为主要采集内容，涉及全国所有内陆水域和近海海域，涉及资源养护种类包括各水域所有水生生物。

二、系统使用单位及用户

（一）系统使用单位

信息系统使用单位包括报表审核单位、报表填报单位及增殖放流供苗单位。报表审核单位包括地市级渔业行政主管部门、省级渔业行政主管部门、农业部渔业渔政管理局；报表填报单位包括区县级渔业行政主管部门、地市本级或直属单位、省本级或直属单位、农业部直属单位；增殖放流供苗单位指的是增殖放流苗种生产单位。

（二）系统使用用户

与信息系统使用单位相对应的信息系统使用用户包括管理员用户（报表审核用户）、报表填报用户、供苗单位用户、专家用户。此外，社会公众用户还可以使用系统首页网站的相关功能，查看资源养护相关工作信息。管理员用户包括农业部管理员、省级管理员、地市级管理员；报表填报用户包括农业部直属单位用户、省本级或直属单位用户、地市本级或直属单位用户、区县级用户。

三、工作流程

资源养护信息采集的根本要求是：准确、及时、全面、科学地采集和汇总分析资源养护各个方面的基本数据资料，为渔业行政主管部门制定资源养护政策规划，科学规范开展相关工作提供参考，同时为资源养护宣传教育和科学研究提供服务。其基本流程为：县级渔业行政主管部门→地市级渔业行政主管部门→省级渔业行政主管部门→农业部（图1-3）（彩图3）。具体程序如下：

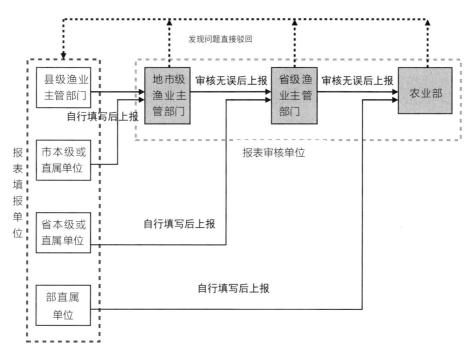

图1-3 水生生物资源养护信息采集工作正常流程图

（一）设计填写报表

由农业部设计资源养护信息采集基础报表，并印发各级渔业行政主管部门。基础报表包括《水生生物增殖放流基础数据统计表》《人工鱼礁（巢）/海洋牧场示范区建设情况统计表》《禁渔区和禁渔期制度实施情况统计表》《自然保护区和水产种质资源保护区建设情况调查表》《濒危物种专项救护情况统计表》《渔业水域污染事故情况调查统计表》《渔业生态环境影响评价工作情况调查统计表》《农业资源及生态保护补助项目增殖放流情况统计表》，以及《中央财政增殖放流苗种生产单位信息等记表》9个表。每个报表的各项指标均与资源养护信息采集系统对应的填报报表相同。

（二）采集、整理及核实数据

报表填报用户（基层填报用户）应根据部局下发的资源养护基础报表对本辖区内资源养护活动相关数据及时收集整理，并认真核实。确定无误后，填报基础报表并报主管领导审核。

（三）录入网上填报系统

在规定时间内报表填报用户（包括区县级渔业行政主管部门、地市本级或直属单位、省本级或直属单位、农业部直属单位）将经主管领导审核后基础报表数据录入水生生物资源养护信息采集系统，并再次进行数据核对，确定无误后将录入数据报送上级单位。同时通过系统"汇总导出"功能导出相应的13个汇总统计表，打印一式两份盖上公章，一份存档，一份报上级单位。

（四）地市级同步审核数据

区县级用户（即区县级渔业行政主管部门）和地市本级用户（即地市本级或直属单位）录入并报送数据后，地市级管理员便可同步查看，对区县级用户和地市本级用户报送报表进行审核，发现问题报表可驳回报表填报单位重新填报，以确保报表的准确性。地市级管理员将经审核无误后的数据报送上级单位，同时通过系统"汇总导出"功能导出相应的13个汇总统计表，打印一式两份盖上公章，一份存档，一份报上级单位。

（五）省级同步审核数据

地市级管理员和省本级用户（即省本级或直属单位）将数据报送后，省级管理员便可同步查看，对地市级管理员和省本级用户报送报表进行审核，发现问题报表可直接驳回报表填报单位重新填报，以确保报表的准确性。省级管理员将经审核无误后的数据报送上级单位，同时通过系统"汇总导出"功能导出相应的13个汇总统计表，打印一式两份盖上公章，一份存档，一份报上级单位。

（六）编制分析报告

省级管理员和部直属单位用户将数据报送后，农业部管理员便可同步查看，对省级管理员和部直属单位用户报送报表进行审核，发现问题报表可直接驳回报表填报单位重新填报，以确保报表的准确性。审核无误后，根据资源养护采集数据，编制年度水生生物资源养护状况报告，以便主管部门准确掌握年度资源养护情况。

四、简化工作流程

在资源养护信息采集工作初期，由于基层填报单位众多，培训宣传不能及时到位，为保障数据正常采集，系统可先由省级或地市级渔业行政主管部门运行使用。

如果仅由省级部门使用，采集工作流程相应地可简化为：省本级用户→省级管理员→农业部管理员。即由省本级作为报表填报单位自行填写数据后上报农业部（图1-4）。

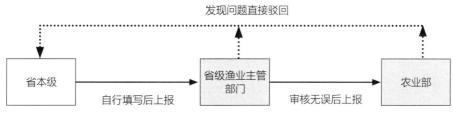

图1-4 水生生物资源养护信息采集简化工作流程图（省本级上报）

如果仅由省级和地市级部门使用，采集工作流程相应的可简化为：地市本级用户→地市级管理员→省级管理员→农业部管理员。即由地市本级作为报表填报单位自行填写数据后上报农业部（图1-5）。

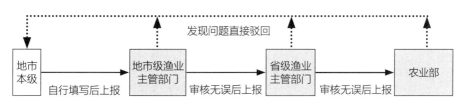

图1-5 水生生物资源养护信息采集简化工作流程图（地市本级上报）

第五节 功能与模块

水生生物资源养护信息采集系统目前主要包括四大主体功能：一是资源养护信息采集；二是资源养护信息汇总分析；三是增殖放流供苗单位信息管理；四是资源养护专家信息管理。今后随着相关工作开展，系统主体功能还将逐步拓展，最终依托系统构建形成资源养护公共信息服务平台。系统用户包括管理员用户（报表审核用户）、报表填报用户、供苗单位用户、专家用户，以及社会公众用户，各个用户对应的系统功能也有所不同（图1-6）（彩图4）。下面简要介绍一下各个用户权限下的系统的每项具体功能。

一、系统首页网站

系统首页以网站形式显示。首页子栏目包括通知公告、工作动态、政策法规、技术标准、基础数据库、相关链接、主系统登录界面、资源养护公共信息服务平台。系统的所有用户均具备系统首页的使用权限。每个子栏目具体内容如下。

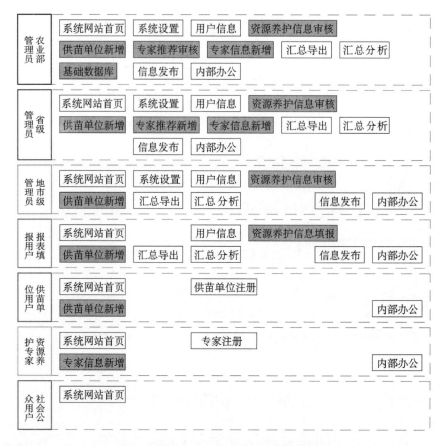

图1-6 各个用户权限下的系统具体功能展示图

（一）通知公告

主要内容是国家水生生物资源养护工作方面的重要通知和公告，服务对象主要是各级渔业行政主管部门和关注资源养护工作的社会公众。

（二）工作动态

主要内容是各地在水生生物资源养护方面开展的重要活动和资源养护工作动态情况，服务对象主要是各级渔业行政主管部门和关注资源养护工作的社会公众。

（三）政策法规

主要内容是水生生物资源养护工作方面的相关管理制度和法律法规。服务对象主要是各级渔业行政主管部门和关注资源养护工作的社会公众。

（四）技术标准

主要内容是水生生物资源养护工作方面的相关技术规范和行业标准。服务对象主要是资源养护工作相关科研推广教学部门和资源养护具体实施单位。

（五）基础数据库

基础数据库包括水生生物资源数据库、增殖放流水域划分数据库、增殖放流基础数据库、水产种质资源保护区数据库、水生生物自然保护区数据库、增殖放流供苗单位数据库、珍稀濒危苗种供应单位数据库、全国水产原良种体系数据库以及人工鱼礁（巢）、海洋牧场及示范区数据库、资源养护专家信息库10个数据库。数据库数据来源于各地报送的资源养护基础数据以及农业部管理员根据历史数据自行添加。数据库可以在一定程度上反映水生生物资源养护工作开展情况，并可以为相关科研机构提供资源养护工作方面的重要基础数据。服务对象主要是各级渔业行政主管部门、资源养护工作相关科研推广教学部门及有关专家、资源养护具体实施单位以及关注资源养护工作的社会公众。

（六）主系统登录界面

各级渔业相关部门（包括各级管理员和报表填报用户）可以通过该界面下的"主管部门"一栏登录系统，进行系统使用操作。增殖放流供苗单位可以通过该界面下的"注册"和"登录"栏登录系统，进行供苗单位信息备案。资源养护专家通过该界面下的"专家注册"和"登录"栏登录系统，进行专家信息备案。

（七）资源养护公共信息服务平台

该平台初步整合国家级海洋牧场示范区管理信息系统、全国水生野生动物保护分会网站、全国水生生物自然保护区信息网、鳗鱼身份信息追溯系统、全国渔业生态环境监测信息系统、CITES鱼子酱标识系统、农业部养殖大鲵及其产品标识管理系统、全国水生哺乳动物管理系统、增殖放流供苗单位黑名单信息公开共9个子信息系统，各相关用户可通过该界面下的各个模块，直接登录相应的子信息系统。

二、农业部管理员用户系统功能

农业部管理员权限属于系统管理员的最高权限。在此权限下，可对系统相关设置和数据进行修改。系统功能包括系统设置、用户信息、资源养护信息采集、供苗单位信息管理、专家库信息管理、汇总导出、汇总分析、基础数据库、信息发布及内部办公等。

（一）系统设置

系统设置包括区域管理、用户管理、报表分配管理、品种分配管理及报送时间管理等功能。

1. **区域管理**　农业部管理员可以通过区域管理添加、删除、修改全国省市县三级行政区划。系统如果需要添加某一用户账号，必须先添加该用户的行政区划。需要注意的是，如果省级、市级渔业主管部门需要直接开展数据填报，走简化工作流程，需要首先由农业部管理员在该省、市行政区域内添加"省本级""地市本级"这一虚拟行政区划，由省本级或地市本级用户填报相关数据。如要增加部直属单位、省直属单位以及地市直属单位账号，必须在全国范围内先添加"部直属、省直属以及地市直属"相应的虚拟行政区划。

2. **用户管理**　农业部管理员可以通过"用户管理"功能删除农业部、省、市、县各级用户账号的各种信息。修改、添加农业部、省级用户（包括部直属单位用户）账号的各种信息，包括修改密码。注意：信息系统是以一个行政区划为单位进行汇总、统计、上报相关数据。行政区划与用户账号是一一对应关系，一个行政区划下面只能对应一个用户，即添加一个用户。系统如果需要添加某一用户账号，该用户的所属行政区划必须已在区域管理库中。

3. **报表分配管理**　农业部管理员可以通过报表分配管理删除全国省市县各级用户账号的分配报表，修改、添加省级用户（包括部直属）的分配报表。

4. **品种分配管理**　农业部管理员可以通过品种分配管理删除全国省市县各级用户账号的分配品种，修改、添加省级用户（包括部直属）的分配品种。

5. **报送时间管理**　农业部管理员可以通过报送时间管理设置各地报表报送的年份、报送的时间范围。

（二）用户信息

用户信息包括信息员列表、用户信息报送和修改密码等功能。

1. **信息员列表**　农业部管理员可以通过"信息员列表"查看省级管理员和部直属单位用户信息员列表。通过所属区域检索还可以查看各省所属下级单位用户信息员列表。

2. **用户信息报送**　农业部管理员可以通过"用户信息报送"填写或修改农业部管理员账号信息。

3. **修改密码**　农业部管理员可以通过"修改密码"修改农业部管理员账号密码。

（三）资源养护信息采集

资源养护信息采集包括报表查看审核、需要审核报表、需要驳回报表和新增保护区等功能。

1. **报表查看审核** 农业部管理员可以通过"报表查看审核"查看所有各地报送的数据，并将确认无误的报表审核通过，存在问题的报表驳回。

2. **需要审核报表** 农业部管理员可以通过"需要审核报表"查看省级单位（省级管理员和部直属单位用户）报送的需要审核报表，将确认无误的报表审核通过，存在问题的报表驳回。

3. **需要驳回报表** 农业部管理员可以通过"需要驳回报表"查看各地报送的申请修改的报表，将申请修改的报表驳回。

4. **新增保护区** 农业部管理员可以通过"新增保护区"功能录入2015年及以前的水产种质资源保护区和水生生物自然保护区建设的相关信息。

（四）供苗单位信息

供苗单位信息包括"单位管理/新增""中央财政增殖放流供苗单位列表"等功能。

1. **单位管理/新增** 农业部管理员可以通过"单位管理"功能查看所有供苗单位信息，包括审核通过、未报送、已报送、驳回申请的各行政区域内所有供苗单位（未报送的供苗单位指的是企业已填报但未提交所属行政区域主管部门审核的供苗单位；已报送的供苗单位是指企业已填报并提交所属行政区域主管部门审核，但主管部门还未审核的供苗单位；审核通过的供苗单位指的是指企业已填报并提交所属行政区域主管部门审核并且通过审核的供苗单位；驳回申请的供苗单位指企业已填报并提交所属行政区域主管部门审核，但主管部门予以驳回的供苗单位），并可将自行新增的符合要求的供苗单位审核通过，不符合要求进行驳回，同时还可以对所有供苗单位修改和删除。农业部管理员可以通过"新增"功能自行新增供苗单位。

2. **中央财政增殖放流供苗单位列表** 农业部管理员可以通过"中央财政增殖放流供苗单位列表"功能查看各地中央财政供苗单位自动汇总的总体情况，包括所属行政区划、单位名称、放流地点、放流时间、放流品种、放流数量、放流资金、中央投资金额等。此外，点击具体供苗单位名称可以查看年度上报中央财政增殖放流供苗单位的详细信息，并可以导出word文件。

（五）专家库信息

专家库信息包括"专家管理/新增""专家推荐审核""推荐专家汇总"等功能。

1．**专家管理/新增**　农业部管理员可以通过"专家管理"功能查看所有专家单位信息，包括已审核、未审核、已驳回的各行政区域内所有专家信息（未审核的专家信息是指专家已填报并提交所属行政区域主管部门审核，但主管部门还未审核的专家信息；已审核的专家信息指的是专家已填报并提交所属行政区域主管部门审核，并且通过审核的专家信息；已驳回的专家信息指专家已填报并提交所属行政区域主管部门审核，但主管部门予以驳回的专家信息），并可以对所有专家信息进行修改和删除。农业部管理员可以通过"新增"功能自行新增专家信息。

2．**专家推荐审核**　农业部管理员可以通过"专家推荐审核"功能查看省级单位报送需要审核的推荐专家信息，并可将省级单位（省级管理员和部直属单位用户）报送的符合要求的推荐专家信息审核通过，不符合要求的进行驳回。

3．**推荐专家汇总**　农业部管理员可以通过"推荐专家汇总"功能查看省级单位报送的推荐专家信息情况，并可通过信息检索栏查看不同类型的专家信息。此外，点击具体专家名称可以查看上报推荐专家的详细信息，并可以导出为word文件。

（六）汇总导出

该栏目包括汇总导出本行政区域内《海洋生物资源增殖放流统计表》《淡水物种增殖放流统计表》《珍稀濒危水生野生动物增殖放流统计表》《水生生物增殖放流基础数据统计表》《渔业污染事故情况调查统计表》《渔业生态环境影响评价工作情况调查统计表》《禁渔区和禁渔期制度实施情况统计表》《新建自然保护区和水产种质资源保护区情况调查统计表》《濒危物种专项救护情况调查统计表》《人工鱼礁（巢）/海洋牧场示范区建设情况统计表》《农业资源及生态保护补助项目增殖放流情况统计表》《中央财政增殖放流供苗单位汇总表》12个统计表的功能。打开《中央财政增殖放流供苗单位汇总表》，点击单位名称栏中的每一个供苗单位名称可以查看中央财政增殖放流供苗单位的详细信息，并可以导出《中央财政增殖放流苗种生产单位信息登记表》。这13个统计表反映了行政区域内年度资源养护工作的基本情况，供相关行政主管部门备案和参考。

（七）汇总分析

该栏目包括汇总导出本行政区域内《各地区增殖放流关键数据汇总分析表》《各水域增殖放流基础数据汇总分析表》《海洋生物资源增殖放流汇总分析表》《淡水广布种增殖放流汇总分析表》《淡水区域种增殖放流汇总分析表》《珍稀濒危物种增殖放流汇总分析表》《增殖放流供苗单位各品种亲本情况汇总分析表》《增殖放流供苗单位各品种供苗能力汇总分析表》《各区域增殖放流水域面积汇总分析表》9个统计表的功能。这9个统计表主要对资源养护相关工作情况进行整理汇总，重点突出在增殖放流基础数据和供苗管理方面进行深入分析，为相关工作的规范管理和深入开展提供参考。

（八）基础数据库

1．资源养护工作数据库 该栏目共包括水生生物资源数据库、增殖放流水域划分数据库、增殖放流基础数据库、水产种质资源保护区数据库、水生生物自然保护区数据库、增殖放流供苗单位数据库、珍稀濒危苗种供应单位数据库、全国水产原良种体系数据库、人工鱼礁（巢）海洋牧场示范区数据库、资源养护专家信息库10个数据库。各个数据库中数据主要来自两个方面：一是经农业部审核通过的各地报送的资源养护数据；二是农业部管理员自行添加的历史数据或基础材料。农业部管理员自行添加的数据可以修改或删除，经审核通过的各地报送数据不能修改和删除。基础数据库建立的目的是实现资源养护指标统计标准化、规范化、科学化，方便对资源养护相关数据进行分析统计，为资源养护相关管理提供参考。同时基础数据库相关数据通过首页网站同步向社会公开，实现资源养护工作的公开透明，促进社会公众关心、关注、了解支持我国水生生物资源养护工作。

2．政策法规和技术标准管理 该栏目包括政策法规管理和发布，技术标准管理和发布4项功能。农业部管理员通过"政策法规管理"功能可查看、修改和删除已发布的政策法规，通过"发布"功能可在系统首页网站发布政策法规。农业部管理员通过"技术标准管理"功能可查看、修改和删除已发布的技术标准，通过"发布"功能可在系统首页网站发布技术标准。

（九）信息发布

该栏目包括公告管理和发布、工作动态管理和发布、链接管理和发布6项功能。农业部管理员通过"公告管理和发布"功能可查看、修改和删除已发布的通知公告，通过"发布"功能可在系统首页网站发布通知公告。农业部管理员通过

"工作动态管理"功能可查看、修改和删除已发布的工作动态，并可将各地报送的工作动态审核或修改后予以发布。通过"发布"功能可在系统首页网站发布工作动态。农业部管理员通过"链接管理"功能可查看、修改和删除已发布的相关链接，通过"发布"功能可在系统首页网站发布相关链接。

（十）内部办公

该栏目包括未答复的问题和已答复的问题两项功能。农业部管理员通过"未答复的问题"功能可查看、答复及删除其他用户提出的问题，通过"已答复的问题"功能可查看和删除已答复的问题。

三、省级管理员用户系统功能

省级管理员权限属于系统管理员权限。在此权限下，可对系统相关设置和数据进行修改。系统功能包括系统设置、用户信息、资源养护信息采集、供苗单位信息管理、专家库信息管理、汇总导出、汇总分析、信息发布及内部办公等。

（一）系统设置

系统设置包括区域查看、用户管理、报表分配管理、品种分配管理和放流地点分配管理等功能。

1. 区域查看　省级管理员可以通过"区域查看"查看本省已设置的市县行政区划。省级管理员如果需要添加某一用户账号，必须先向农业部管理员申请添加该用户的行政区划。需要注意的是，如果省级、市级渔业主管部门需要直接开展数据填报，走简化工作流程，以及增加省、市直属单位账号，需要首先由农业部管理员在该省、市行政区域内添加"省本级""市本级"这一虚拟行政区划。

2. 用户管理　省级管理员可以通过"区域管理"删除本辖区内省、市、县各级用户账号的各种信息。修改、添加省级管理员、地市级管理员、省本级用户以及省直属单位用户账号的各种信息，包括修改密码。注意：信息系统是以一个行政区划为单位进行汇总、统计、上报相关数据。行政区划与用户账号是一一对应关系，一个行政区划下面只能对应一个用户，即添加一个用户。系统如果需要添加某一用户账号，该用户的所属行政区划必须已在区域管理库中。

3. 报表分配管理　省级管理员可以通过"报表分配管理"删除本省范围内省本级、市、县各级用户账号的分配报表，修改、添加地市级单位（包括地市管理员、省本级用户和省直属单位用户）的分配报表。

4. **品种分配管理**　省级管理员可以通过"品种分配管理"删除本省范围内省本级、市、县各级用户账号的分配品种，修改、添加地市级单位（包括地市管理员、省本级用户和省直属单位用户）的分配品种。

5. **放流地点分配管理**　省级管理员可以通过"放流地点分配管理"删除本省范围内省本级、市、县各级用户账号的放流地点，修改、添加地市级单位（包括地市管理员、省本级用户和省直属单位用户）的放流地点。

（二）用户信息

用户信息包括信息员列表、用户信息报送和修改密码等功能。

1. **信息员列表**　省级管理员可以通过"信息员列表"查看市、县级用户信息员列表。

2. **用户信息报送**　省级管理员可以通过"用户信息报送"填写或修改省级管理员账号信息。

3. **修改密码**　省级管理员可以通过"修改密码"修改省级管理员账号密码。

（三）资源养护信息采集

资源养护信息采集包括报表查看审核、需要审核报表、需要驳回报表等功能。

1. **报表查看审核**　省级管理员可以通过报表查看审核，查看所有各地报送的数据，并将确认无误的报表的审核通过，存在问题的报表驳回。

2. **需要审核报表**　省级管理员可以通过"需要审核报表"查看地市级单位（包括地市管理员、省本级用户和省直属单位用户）报送的需要审核报表，将确认无误的报表审核通过，存在问题的报表驳回。

3. **需要驳回报表**　省级管理员可以通过"需要驳回报表"查看各地报送的申请修改的报表，将需要修改的报表驳回。

（四）供苗单位信息

供苗单位信息包括"单位管理/新增""中央财政增殖放流供苗单位列表"等功能。

1. **单位管理/新增**　省级管理员可以通过"单位管理"功能查看所有供苗单位信息，包括审核通过、未报送、已报送、驳回申请的本行政区域内各种供苗单位，并可将自行新增的符合要求的供苗单位审核通过，不符合要求的进行驳回，同时还可以对所有供苗单位修改和删除。省级管理员可以通过"新增"功能自行新增供苗单位。

2．中央财政增殖放流供苗单位列表　省级管理员可以通过"中央财政增殖放流供苗单位列表"功能查看本行政区域内中央财政供苗单位自动汇总的总体情况，包括所属行政区划、单位名称、放流地点、放流时间、放流品种、放流数量、放流资金、中央投资金额等。此外，点击具体供苗单位名称可以查看年度上报中央财政增殖放流供苗单位的详细信息，并可以导出word文件。

（五）专家库信息

专家库信息包括"专家管理/新增""专家推荐审核/新增""推荐专家汇总"等功能。

1．专家管理/新增　省级管理员可以通过"专家管理"功能查看所有专家单位信息，包括已审核、未审核、已驳回的本省行政区域内所有专家信息（未审核的专家信息是指专家已填报并提交所属行政区域主管部门审核，但主管部门还未审核的的专家信息；已审核的专家信息指的是指专家已填报并提交所属行政区域主管部门审核并且通过审核的专家信息；已驳回的专家信息指专家已填报并提交所属行政区域主管部门审核，但主管部门予以驳回的专家信息），并可以对本省行政区域内所有专家信息进行修改和删除。省级管理员可以通过"新增"功能自行新增专家信息。

2．专家推荐审核/新增　省级管理员可以通过"专家推荐审核"功能查看本单位报送的推荐专家信息。通过"新增"功能可以选择本行政区域和全国其他行政区域内的专家信息进行保存和上报，即可在全国所有行政区域内选择专家，以遴选出高水平的专家。

3．推荐专家汇总　省级管理员可以通过"推荐专家汇总"功能查看各省级单位报送的推荐专家信息情况，并可通过信息检索栏查看不同类型的专家信息。此外，点击具体专家名称可以查看上报推荐专家的详细信息并可以导出为word文件。

（六）汇总导出

该栏目包括汇总导出本行政区域内《海洋生物资源增殖放流统计表》《淡水物种增殖放流统计表》《珍稀濒危水生野生动物增殖放流统计表》《水生生物增殖放流基础数据统计表》《渔业污染事故情况调查统计表》《渔业生态环境影响评价工作情况调查统计表》《禁渔区和禁渔期制度实施情况统计表》《新建自然保护区和水产种质资源保护区情况调查统计表》《濒危物种专项救护情况调查统计表》《人工鱼礁（巢）/海洋牧场示范区建设情况统计表》《农业资源及生态保护补助

项目增殖放流情况统计表》《中央财政增殖放流供苗单位汇总表》12个统计表的功能。打开《中央财政增殖放流供苗单位汇总表》，点击单位名称栏中的每一个供苗单位名称可以查看中央财政增殖放流供苗单位的详细信息，并可以导出《中央财政增殖放流苗种生产单位信息登记表》。这13个统计表反映了行政区域内年度资源养护工作的基本情况，供相关行政主管部门备案和参考。

（七）汇总分析

该栏目包括汇总导出本行政区域内《各地区增殖放流关键数据汇总分析表》《各水域增殖放流基础数据汇总分析表》《海洋生物资源增殖放流汇总分析表》《淡水广布种增殖放流汇总分析表》《淡水区域种增殖放流汇总分析表》《珍稀濒危物种增殖放流汇总分析表》《增殖放流供苗单位各品种亲本情况汇总分析表》《增殖放流供苗单位各品种供苗能力汇总分析表》《各区域增殖放流水域面积汇总分析表》9个统计表的功能。这9个统计表主要对资源养护相关工作情况进行整理汇总，重点突出在增殖放流基础数据和供苗管理方面进行深入分析，为相关工作的规范管理和深入开展提供参考。

（八）信息发布

该栏目包括公告管理和发布、工作动态管理和发布4项功能。省级管理员通过"公告管理"功能可查看所有已发布的通知公告，修改和删除本省行政区域内已发布的通知公告；通过"发布"功能可在系统内部发布通知公告。省级管理员发布的公告，本省所有区域的用户均可见。通过"工作动态管理"功能可查看、修改和删除自行发布的工作动态，通过"发布"功能发布的工作动态经农业部管理员审核后可在系统首页工作动态栏显示。

（九）内部办公

该栏目包括未答复的问题、已答复的问题和提交问题3项功能。省级管理员可以通过"未答复的问题"功能查看并删除自己提出的未收到答复的问题，通过"已答复的问题"功能查看和删除自己提出的收到答复的问题，以及别人提出的农业部管理员公开答复的问题。通过"提交问题"可以提出需要农业部管理员答复的问题。

四、地市级管理员用户系统功能

地市级管理员权限属于系统管理员权限。在此权限下，可对系统相关设置和数据进行修改。系统功能包括系统设置、用户信息、资源养护信息采集、供苗单位信息、汇总导出、汇总分析、信息发布和内部办公等。

（一）系统设置

系统设置包括区域查看、用户管理、报表分配管理、品种分配管理、放流地点分配管理等功能。

1. 区域查看　地市级管理员可以通过该功能查看本市已设置的县级行政区划。地市级管理员如果需要添加某一用户账号，必须先向农业部管理员申请添加该用户的行政区划。需要注意的是，如果地市级渔业主管部门需要直接开展数据填报，走简化工作流程，以及增加地市直属单位账号，需要首先由农业部管理员在该市行政区划内添加相应的"地市本级、地市直属单位"这一虚拟行政区划。

2. 用户管理　市级管理员可以通过"区域管理"修改、删除本辖区内市、县各级用户账号的各种信息。添加市级、县级用户（包括市本级、市直属）账号的各种信息，包括修改密码。注意：信息系统是以一个行政区划为单位进行汇总、统计、上报相关数据。行政区划与用户账号是一一对应关系，一个行政区划下面只能对应一个用户，即添加一个用户。系统如果需要添加某一用户账号，该用户的所属行政区划必须已在区域管理库中。

3. 报表分配管理　地市级管理员可以通过"报表分配管理"删除本地市范围内地市本级、区县级用户账号的分配报表，修改、添加区县级单位（包括区县级用户、地市本级和地市直属单位）的分配报表。

4. 品种分配管理　地市级管理员可以通过"报表分配管理"删除本地市范围内地市本级、区县级用户账号的分配报表，修改、添加区县级单位（包括区县级用户、地市本级和地市直属单位）的分配放流品种。

5. 放流地点分配管理　地市级管理员可以通过"报表分配管理"删除本地市范围内地市本级、区县级用户账号的分配报表，修改、添加区县级单位（包括区县级用户、地市本级和地市直属单位）的分配放流地点。

（二）用户信息

用户信息包括信息员列表、用户信息报送和修改密码等功能。

1. 信息员列表　地市级管理员可以通过"信息员列表"查看地市、区县级用户信息员列表。

2. 用户信息报送　地市级管理员可以通过"用户信息报送"填写或修改地市级管理员账号信息。

3. 修改密码 地市级管理员可以通过"修改密码"修改地市级管理员账号密码。

（三）资源养护信息采集

资源养护信息采集包括报表查看审核、需要审核报表、需要驳回报表等功能。

1. 报表查看审核 地市级管理员可以通过"报表查看审核"查看本辖区各地报送的数据，并将确认无误的报表的审核通过，存在问题的报表驳回。

2. 需要审核报表 地市级管理员可以通过"需要审核报表"查看区县级单位（包括区县级用户、地市本级和地市直属单位）报送的需要审核报表，将确认无误的报表的审核通过，存在问题的报表驳回。

3. 需要驳回报表 地市级管理员可以通过"需要驳回报表"查看各地报送的申请修改的报表，将需要修改的报表驳回。

（四）供苗单位信息

供苗单位信息包括"单位管理/新增""中央财政增殖放流供苗单位列表"等功能。

1. 单位管理/新增 地市级管理员可以通过"单位管理"功能查看本辖区内所有供苗单位信息，包括审核通过、未报送、已报送、驳回申请的本行政区域内各种供苗单位，并可将自行新增的符合要求的供苗单位审核通过，不符合要求的进行驳回，同时还可以对所有供苗单位修改和删除。地市级管理员可以通过"新增"功能自行新增供苗单位。

2. 中央财政增殖放流供苗单位列表 地市级管理员可以通过"中央财政增殖放流供苗单位列表"功能查看本行政区域内中央财政供苗单位自动汇总的总体情况，包括所属行政区划、单位名称、放流地点、放流时间、放流品种、放流数量、放流资金、中央投资金额等。此外，点击具体供苗单位名称可以查看年度上报中央财政增殖放流供苗单位的详细信息，并可以导出word文件。

（五）汇总导出

该栏目包括汇总导出本行政区域内《海洋生物资源增殖放流统计表》《淡水物种增殖放流统计表》《珍稀濒危水生野生动物增殖放流统计表》《水生生物增殖放流基础数据统计表》《渔业污染事故情况调查统计表》《渔业生态环境影响评价工作情况调查统计表》《禁渔区和禁渔期制度实施情况统计表》《新建自然保护区和水产种质资源保护区情况调查统计表》《濒危物种专项救护情况调查统计表》《人工鱼礁（巢）/海洋牧场示范区建设情况统计表》《农业资源及生态保护补助

项目增殖放流情况统计表》《中央财政增殖放流供苗单位汇总表》12个统计表的功能。打开《中央财政增殖放流供苗单位汇总表》，点击单位名称栏中的每一个供苗单位名称可以查看中央财政增殖放流供苗单位的详细信息，并可以导出《中央财政增殖放流苗种生产单位信息登记表》。这13个统计表反映了行政区域内年度资源养护工作的基本情况，供相关行政主管部门备案和参考。

（六）汇总分析

该栏目包括汇总导出本行政区域内《各地区增殖放流关键数据汇总分析表》《各水域增殖放流基础数据汇总分析表》《海洋生物资源增殖放流汇总分析表》《淡水广布种增殖放流汇总分析表》《淡水区域种增殖放流汇总分析表》《珍稀濒危物种增殖放流汇总分析表》《增殖放流供苗单位各品种亲本情况汇总分析表》《增殖放流供苗单位各品种供苗能力汇总分析表》《各区域增殖放流水域面积汇总分析表》9个统计表的功能。这9个统计表主要对资源养护相关工作情况进行整理汇总，重点突出在增殖放流基础数据和供苗管理方面进行深入分析，为相关工作的规范管理和深入开展提供参考。

（七）信息发布

该栏目包括公告管理和发布、工作动态管理和发布4项功能。地市级管理员通过"公告管理"功能可查看所有已发布的通知公告，修改和删除本行政区域内已发布的通知公告，通过"发布"功能可在系统内部发布通知公告。地市级管理员发布的公告，本市所有区域的用户均可见。通过"工作动态管理"功能可查看、修改和删除自行发布的工作动态，通过"发布"功能发布的工作动态经农业部管理员审核后可在系统首页工作动态栏显示。

（八）内部办公

该栏目包括分为未答复的问题、已答复的问题、提交问题3项功能。市级管理员可以通过"未答复的问题"功能查看并删除自己提出的未收到答复的问题，通过"已答复的问题"功能可查看和删除自己提出的收到答复的问题，以及别人提出的农业部管理员公开答复的问题。通过"提交问题"可以提出需要农业部管理员答复的问题。

五、报表填报用户（基层用户）系统功能

报表填报用户（基层用户）包括区县级用户，省本级用户、地市本级用户，省直属单位用户、地市直属单位用户及部直属单位用户。报表填报用户权限属于

系统使用权限。在此权限下，可进行资源养护数据填报并开展供苗单位信息管理。主要功能包括用户信息、资源养护信息采集、供苗单位信息、汇总导出、汇总分析、信息发布、内部办公等。

（一）用户信息

用户信息包括信息员列表、用户信息报送和修改密码等功能。

1．信息员列表　不同的报表填报用户可以通过"信息员列表"查看省市本级、部直属、县级等同级行政区划内所有信息员列表。

2．用户信息报送　报表填报用户可以通过"用户信息报送"填写或修改账号信息。

3．修改密码　报表填报用户可以通过"修改密码"修改用户账号密码。

（二）资源养护信息采集

资源养护信息采集包括数据报送功能。基层用户可通过此功能填报《水生生物增殖放流基础数据统计表》《人工鱼礁（巢）/海洋牧场示范区建设情况统计表》《禁渔区和禁渔期制度实施情况统计表》《自然保护区和水产种质资源保护区建设情况调查表》《濒危物种专项救护情况统计表》《渔业水域污染事故情况调查统计表》《渔业生态环境影响评价工作情况调查统计表》《农业资源及生态保护补助项目增殖放流情况统计表》等8个水生生物资源养护的基础报表和相关总结材料（包括总结报告和有关图文资料）。

（三）供苗单位信息

供苗单位信息包括"单位管理/新增""中央财政增殖放流供苗单位列表"等功能。

1．单位管理/新增　报表填报用户可以通过"单位管理"功能查看本辖区内所有供苗单位信息，包括审核通过、未报送、已报送、驳回申请的本行政区域内各种供苗单位，并可将自行新增或供苗单位（企业）报送的符合要求的供苗单位审核通过，不符合要求的进行驳回，同时还可以对所有供苗单位修改和删除。报表填报用户可以通过"新增"功能自行新增供苗单位，可以新增本行政区域外的供苗单位。部直属单位、省本级、地市本级用户可以查看单位所在地填写为相应的部直属单位、省本级、地市本级的供苗单位信息，并对其进行管理。

2.中央财政增殖放流供苗单位列表　报表填报用户可以通过"中央财政增殖放流供苗单位列表"功能查看本行政区域内中央财政供苗单位自动汇总的总体

情况，包括所属行政区划、单位名称、放流地点、放流时间、放流品种、放流数量、放流资金、中央投资金额等。此外，点击具体供苗单位名称可以查看年度上报中央财政增殖放流供苗单位的详细信息，并可以导出word文件。

（四）汇总导出

该栏目包括汇总导出本行政区域内《海洋生物资源增殖放流统计表》《淡水物种增殖放流统计表》《珍稀濒危水生野生动物增殖放流统计表》《水生生物增殖放流基础数据统计表》《渔业污染事故情况调查统计表》《渔业生态环境影响评价工作情况调查统计表》《禁渔区和禁渔期制度实施情况统计表》《新建自然保护区和水产种质资源保护区情况调查统计表》《濒危物种专项救护情况调查统计表》《人工鱼礁（巢）/海洋牧场示范区建设情况统计表》《农业资源及生态保护补助项目增殖放流情况统计表》《中央财政增殖放流供苗单位汇总表》12个统计表的功能。打开《中央财政增殖放流供苗单位汇总表》，点击单位名称栏中的每一个供苗单位名称可以查看中央财政增殖放流供苗单位的详细信息，并可以导出《中央财政增殖放流苗种生产单位信息登记表》。这13个统计表反映了行政区域内年度资源养护工作的基本情况，供相关行政主管部门备案和参考。

（五）汇总分析

该栏目包括汇总导出本行政区域内《各地区增殖放流关键数据汇总分析表》《各水域增殖放流基础数据汇总分析表》《海洋生物资源增殖放流汇总分析表》《淡水广布种增殖放流汇总分析表》《淡水区域种增殖放流汇总分析表》《珍稀濒危物种增殖放流汇总分析表》《增殖放流供苗单位各品种亲本情况汇总分析表》《增殖放流供苗单位各品种供苗能力汇总分析表》《各区域增殖放流水域面积汇总分析表》9个统计表的功能。这9个统计表主要对资源养护相关工作情况进行整理汇总，重点突出在增殖放流基础数据和供苗管理方面进行深入分析，为相关工作的规范管理和深入开展提供参考。

（六）信息发布

该栏目包括通知公告、工作动态管理和发布等3项功能。报表填报用户通过"通知公告"功能可查看所有上级单位已发布的通知公告。通过"工作动态管理"功能可查看、修改和删除本行政区域已发布的工作动态，以及别人提出的农业部管理员公开答复的问题。通过"发布"功能发布的工作动态经农业部管理员审核后可在系统首页工作动态栏显示。

（七）内部办公

该栏目包括未答复的问题、已答复的问题、提交问题3项功能。基层用户可以通过"未答复的问题"功能查看并删除自己提出的未收到答复的问题，通过"已答复的问题"功能可查看和删除自己提出的收到答复的问题，通过"提交问题"可以提出需要农业部管理员答复的问题。

六、供苗单位用户（企业）系统功能

供苗单位是指承担增殖放流苗种供应任务的苗种生产单位，这里的增殖放流项目包括各级财政和社会资金支持的增殖放流工作，供应的苗种不仅限于经济物种，还包括珍稀濒危物种。供苗单位用户权限属于系统供苗单位使用权限。在此权限下，可进行增殖放流供苗单位的信息填写、上报和修改。主要功能包括供苗单位注册、供苗单位信息填写、内部办公等。

（一）供苗单位注册

供苗单位用户通过该功能可以在系统上注册账号。

（二）供苗单位信息填报

通过该功能可以填写供苗单位的基本信息、其他信息、亲本情况、供苗能力、供苗任务等相关信息，并提交所属渔业行政主管部门审核。还可以通过系统导出供苗单位信息。

（三）内部办公

通过该功能可查看所属行政主管部门及上级单位的相关通知公告。

七、资源养护专家用户系统功能

资源养护专家是指水生生物增殖放流、保护区建设、海洋牧场建设、水生野生动物保护、水域环境影响评价、外来物种监管、水域污染、生态灾害防控等领域的专家。专家用户权限属于系统专家使用权限。在此权限下，可进行专家信息填写、上报和修改。主要功能包括专家注册、专家信息填写、查看抓夹等。

（一）专家注册

资源养护专家通过该功能可以在系统上注册账号。

（二）专家信息填报

通过该功能可以填写全国水生生物资源养护专家信息库专家信息表等相关

信息，并提交所属省级渔业行政主管部门审核。同时还可以通过系统导出专家信息。

（三）查看专家

通过该功能可查看全国所有资源养护领域相关专家的基本信息。

第六节　各级渔业行政主管部门的主要任务

一、区县级渔业行政主管部门

区县级渔业行政主管部门只有一个账号：区县级用户，具备报表填报用户权限。在此权限下，可进行资源养护数据填报并开展供苗单位信息管理。注意：省直管县按省直属单位权限操作，见本节第五章。主要任务包括：

（一）填写用户信息

通过"用户信息报送"填写或修改账号信息，还可以通过"修改密码"修改用户账号密码。

（二）填报资源养护基础报表

根据上级单位分配的报表情况，填报1~8个资源养护基础报表。没有开展相关工作的基础报表不必填报，汇总导出时也不必导出。

（三）新增供苗单位

鉴于各地供苗单位人员能力和基础条件参差不齐，供苗单位信息填写推荐由区县级用户根据供苗单位提供的供苗单位信息表纸质版进行录入。需要新增的供苗单位范围包括本年度承担本辖区内各种增殖放流任务（包括各级财政和社会资金支持的增殖放流工作，供应的苗种不仅限于经济物种，还包括珍稀濒危物种）的苗种供应单位。如本年度本辖区内未开展任何形式的增殖放流活动，则不必填写。程序如下：区县级用户将供苗单位信息表纸质版或电子版通过传真或邮件等方面传递给供苗单位，由供苗单位填写好后反馈给区县级用户，区县级用户再根据供苗单位提供的材料进入系统在"供苗单位信息"栏目下选择"单位管理/新增"项目中的"新增"，进行供苗单位信息填报。具体方法见第四章系统使用说明。需要注意是：如果有单位所属地为本辖区外的供苗单位，新增后在"供苗单位管理"中默认状态查看不到，但可以在所选区域检索栏中选择对应辖区即可查看到，同时也可根据新增供苗单位时填写的用户名和密码通过供苗单位登录方式进入系统进行查看和修改。

（四）汇总导出上报

根据基础报表填写情况，区县级用户汇总导出1～12个汇总报表。没有相关内容的汇总导出表不必导出。开展年度供苗单位上报的区县级用户还要导出每一个供苗单位的信息登记表。程序如下：在系统中打开《中央财政增殖放流供苗单位汇总表》，点击单位名称栏中的每一个供苗单位名称可以查看年度上报供苗单位的详细信息并可以导出《年度中央财政增殖放流苗种生产单位信息登记表》。然后区县级用户将汇总导出报表签字盖章，进行扫描或拍照。接着将汇总导出表扫描或拍照的电子版其连同工作总结电子版以及活动图片资料在"资源养护信息采集"栏目下选择"数据报送"项目中的"报送总结材料"，进行报送。注意：每个汇总导出表只需要拍照或扫描有单位盖章的一页。最后如果上级单位需要相关材料的纸质版和电子版，请将工作总结、汇总导出报表以及活动图片资料纸质版和电子版分别通过快递和邮件形式发送至上级单位。

二、地市级渔业行政主管部门

地市级渔业行政主管部门有两个账号：地市本级用户和地市级管理员。地市本级用户具备报表填报用户权限。在此权限下，可进行资源养护数据填报并开展供苗单位信息管理。地市级管理员属于系统管理员权限。在此权限下，可对系统相关设置和数据进行修改，并对区县级用户和地市本级用户报送的基础报表进行审核。

（一）地市本级用户

地市本级用户的主要任务是填写地市本级的资源养护基础数据和增殖放流供苗单位信息，以及代地市级管理员账户报送总结材料。具体如下：

1. **填写用户信息** 通过"用户信息报送"填写或修改账号信息，还可以通过"修改密码"修改用户账号密码。

2. **填报资源养护基础报表** 一般情况下，地市本级用户填报的基础报表属于以下3种情况：第1种情况是地市本级使用财政资金或其他资金直接开展的资源养护活动，资金是由地市本级直接支出的，未分配给下级区县单位。这也是系统设置地市本级账户的初衷。这种情况下，开展了相应的资源养护活动就填写相应的基础报表。第2种情况是因区县级用户人员能力和基础条件等原因，不便于通过信息系统进行资源养护基础信息报送。这种情况下地市级渔业部门可通过地市本级用户根据各区县渔业部门报送的纸质材料或电子版材料，代其填报资源养护的基础数据。第3种情况是因资源养护的部分基础报表（主要是禁渔区和禁渔期制度实施基础报表和农业资源及生态保护补助项目增殖放流执行基础报表）如果由区县级填报可能出现混乱，地市渔业部门就不再将相应报表分配给区县进行填报，而通过地市本级用户统一进行填报。

3. **新增供苗单位** 一般情况下，地市本级用户填报的供苗单位信息属于这两种情况：第1种情况是地市本级使用财政资金或其他资金直接开展的增殖放流活动，需要通过地市本级用户填报增殖放流供苗单位信息。第2种情况是因区县级用户人员能力和基础条件等原因，不便于通过信息系统进行供苗单位信息填报。这种情况下地市级渔业部门可通过地市本级用户根据各区县渔业部门报送的供苗单位信息的纸质材料或电子版材料，代其填报供苗单位信息，需要注意的是，供苗单位的单位所在地应选择实际区县，填报完成后在地市本级用户账户的供苗单位管理中看不到。具体填报范围和填报方法见区县级渔业部门新增供苗单位。

4. **报送总结材料** 地市本级用户账户不需要进行汇总导出，该项工作由地市级管理员账户统一完成。但由于地市级管理员不能报送总结材料，需通过地市本级用户账户报送总结材料。程序为：地市级渔业部门通过地市级管理员账户汇总导出报表，经签字盖章后进行扫描或拍照，再通过地市本级用户账户报送相关总结材料（包括汇总导出表扫描或拍照的电子版、工作总结电子版以及活动图片资料）。报送方法见区县级渔业部门汇总导出上报。

（二）地市级管理员

地市级管理员的主要任务是增加或修改区县级用户和地市直属单位用户，为其分配填报报表、放流品种以及放流地点，并对区县级用户、地市本级和地市直属单位报送的基础报表进行审核。

1. **进行系统设置** 在系统设置中通过"用户管理"栏目增加或修改区县级用户和地市直属单位用户，通过"报表分配管理"栏目为区县级用户、地市直属单位用户以及地市本级用户分配填报报表。报表不必全部分配，可根据实际情况进行调整。通过"品种分配管理"栏目为区县级用户、地市直属单位用户以及地市本级用户分配放流物种。通过"放流地点分配管理"栏目为区县级用户、地市直属单位用户以及地市本级用户分配放流地点。

2. **填写用户信息** 通过"用户信息报送"填写或修改账号信息，还可以通过"修改密码"修改用户账号密码。

3. **审核资源养护基础报表** 地市级管理员可以通过报表查看审核，查看本辖区各地报送的数据，并将确认无误的报表审核通过，存在问题的报表驳回，并对未开展报送的单位督促其尽快报送。通过"需要审核报表"查看区县级单位（包括区县级用户、地市本级和地市直属单位）报送的需要审核报表，将确认无误的报表审核通过，存在问题的报表驳回。可以通过"需要驳回报表"查看各地报送的申请修改的报表，将需要修改的报表驳回。

4. **汇总导出报表** 地市级渔业部门通过地市级管理员账户汇总导出报表，经签字盖章后进行扫描或拍照，再通过地市本级用户账户报送相关总结材料（包括汇总导出表扫描或拍照的电子版、工作总结电子版以及活动图片资料）。报送方法见区县级渔业部门汇总导出上报。如果上级单位需要相关材料的纸质版和电子版，请将工作总结、汇总导出报表以及活动图片资料纸质版和电子版分别通过快递和邮件形式发送上级单位。

三、省级渔业行政主管部门

省级渔业行政主管部门（包括31个省、自治区和直辖市，5个计划单列市，新疆生产建设兵团）有两个账号：省本级用户和省级管理员。省本级用户具备报表填报用户权限。在此权限下，可进行资源养护数据填报并开展供苗单位信息管理。省级管理员属于系统管理员权限。在此权限下，可对系统相关设置和数据进行修改，并对通过地市级管理员审核的区县级用户、地市本级用户和地市直属单位用户报送的基础报表进行审核，以及对省直属单位用户报送的基础报表进行审核。

（一）省本级用户

省本级用户的主要任务是填写省本级的资源养护基础数据和增殖放流供苗单位信息，以及代省级管理员账户报送总结材料。具体如下：

1. **填写用户信息** 通过"用户信息报送"填写或修改账号信息，还可以通过"修改密码"修改用户账号密码。

2. **填报资源养护基础报表** 一般情况下，省本级用户填报的基础报表属于以下3种情况：第1种情况是省本级使用财政资金或其他资金直接开展的资源养护活动，钱是由省本级直接支出的，未分配给下级地市级单位。这也是系统设置省本级账户的初衷。这种情况下，开展了相应的资源养护活动就填写相应的基础报表。第2种情况是因地市级用户人员能力和基础条件不同等原因，不便于通过信息系统进行资源养护基础信息报送。这种情况下省级渔业部门可通过省本级用户根据各地市渔业部门报送的纸质材料或电子版材料，代其填报资源养护的基础数据。第3种情况是因资源养护的部分基础报表（主要是禁渔区和禁渔期制度实施基础报表和资源保护和农业资源及生态保护补助项目增殖放流执行基础报表）如果由地市级填报可能出现混乱，省级渔业部门就不再将相应报表分配给地市进行填报，而通过省本级用户统一进行填报。

3. **新增供苗单位** 一般情况下，省本级用户填报的供苗单位信息属于以下两种情况：第1种情况是省本级使用财政资金或其他资金直接开展的增殖放流活动，需要通过省本级用户填报增殖放流供苗单位信息。第2种情况是因地市级用户人员能力和基础条件不同等原因，不便于通过信息系统进行供苗单位信息填报。这种情况下省级渔业部门可通过省本级用户根据各地市渔业部门报送的供苗单位信息的纸质材料或电子版材料，代其填报供苗单位信息，需要注意的是，供苗单位的单位所在地应选择实际区县，填报完成后在省本级用户账户的供苗单位管理中看不到。具体填报范围和填报方法见区县级渔业部门新增供苗单位。

4. **报送总结材料** 省本级用户账户不需要进行汇总导出，该项工作由省级管理员账户统一完成。但由于省级管理员不能报送总结材料，需通过省本级用户账户报送总结材料。程序为：省级渔业部门通过省级管理员账户汇总导出报表，经签字盖章后进行扫描或拍照，再通过省本级用户账户报送相关总结材料（包括汇总导出表扫描或拍照的电子版、工作总结电子版及活动图片资料）。报送方法见区县级渔业部门汇总导出上报。

（二）省级管理员

省级管理员的主要任务是增加或修改地市级管理员和省直属单位用户，为其分配填报报表、放流品种及放流地点，并对通过地市级管理员审核的区县级用户、地市本级用户和地市直属单位用户报送的基础报表进行审核，以及对省直属单位用户报送的基础报表进行审核。具体如下：

1. **进行系统设置** 在系统设置中通过"用户管理"栏目增加或修改地市级管理员和省直属单位用户，通过"报表分配管理"栏目为地市级管理员、省直属单位用户及省本级用户分配填报报表。报表不必全部分配，可根据实际情况进行调整。通过"品种分配管理"栏目为地市级管理员、省直属单位用户以及省本级用户分配放流物种。通过"放流地点分配管理"栏目为地市级用户、省直属单位用户以及省本级用户分配放流地点。

2. 填写用户信息 通过"用户信息报送"填写或修改账号信息，还可以通过"修改密码"修改用户账号密码。

3. 审核资源养护基础报表 省级管理员可以通过报表查看审核，查看本辖区各地报送的数据，并将确认无误的报表的审核通过，存在问题的报表驳回，并对未开展报送的单位应督促其尽快报送。通过"需要审核报表"查看经地市管理员审核的区县级单位（包括区县级用户、地市本级和地市直属单位）报送的需要审核报表，以及省直属单位报送的需要审核的报表，将确认无误的报表审核通过，存在问题的报表驳回。可以通过"需要驳回报表"查看各地报送的申请修改的报表，将需要修改的报表驳回。

4. 资源养护专家新增及上报 省级管理员可以通过"专家管理"功能，查看和修改单位所在地为本省行政区划范围内的专家信息。通过"新增"功能增加单位所在地为本省行政区划范围内的专家。通过"推荐专家新增"功能在全国资源养护专家信息库中遴选上报推荐专家。

5. 汇总导出报表 省级渔业部门通过省级管理员账户汇总导出报表，经签字盖章后进行扫描或拍照，再通过省本级用户账户报送相关总结材料（包括汇总导出表扫描或拍照的电子版、工作总结电子版及活动图片资料）。报送方法见区县级渔业部门汇总导出上报。如果上级单位需要相关材料的纸质版和电子版，请将工作总结、汇总导出报表及活动图片资料纸质版和电子版分别通过快递和邮件形式发送上级单位。

四、农业部

农业部渔业渔政管理局有两个账号：部本级用户和农业部管理员。部本级用户具备报表填报用户权限。在此权限下，可进行资源养护数据填报并开展供苗单位信息管理。农业部管理员权限属于系统管理员的最高权限。在此权限下，可对系统相关设置和数据进行修改。并对通过省级管理员审核的区县级用户、地市本级用户、地市直属单位用户、省本级用户、省直属单位用户报送的基础报表进行审核，以及对部直属单位用户报送的基础报表进行审核。

（一）部本级用户

部本级用户的主要任务是填写部本级的资源养护基础数据。具体如下：

1. 填写用户信息 通过"用户信息报送"填写或修改账号信息，还可以通过"修改密码"修改用户账号密码。

2. **填报资源养护基础报表** 一般情况下，部本级用户填报的基础报表属于以下情况：部本级使用财政资金或其他资金直接开展的资源养护活动，资金是由部本级直接支出的，未分配给省级单位。这种情况下，开展了相应的资源养护活动就填写相应的基础报表。

（二）农业部管理员

农业部管理员的主要任务是修改和完善放流物种、放流地点、行政区划，增加或修改省级管理员和部直属单位用户，为其分配填报报表、放流品种以及放流地点。对通过省级管理员审核的区县级用户、地市本级用户、地市直属单位用户、省本级用户、省直属单位用户报送的基础报表进行审核，以及对部直属单位用户报送的基础报表进行审核。具体如下：

1. **进行系统设置** 在系统设置中通过"区域管理"添加、删除、修改全国省市县三级行政区划。通过"用户管理"栏目增加或修改省级管理员和部直属单位用户，通过"报表分配管理"栏目为省级管理员、部直属单位用户及部本级用户分配填报报表。通过"品种分配管理"栏目为省级管理员、部直属单位用户及省本级用户分配放流物种。

2. **完善基础数据库** 根据各地要求，在基础数据库中修改、删除、增加放流物种和放流地点。同时根据历史数据和各省报送数据完善基础数据库相关资料。

3. **填写用户信息** 通过"用户信息报送"填写或修改账号信息，还可以通过"修改密码"修改用户账号密码。

4. **审核资源养护基础报表** 农业部管理员可以通过报表查看审核，查看全国各地报送的数据，并将确认无误的报表审核通过，存在问题的报表驳回，并对未开展报送的单位督促其尽快报送。通过"需要审核报表"查看经省级管理员审核的报表填报单位（包括区县级用户、地市本级和地市直属单位、省本级和省直属单位）报送的需要审核的报表，以及部直属单位报送的需要审核报表，将确认无误的报表审核通过，存在问题的报表驳回。可以通过"需要驳回报表"查看各地报送的申请修改的报表，将需要修改的报表驳回。

5. **资源养护专家上报审核** 农业部管理员可通过"专家管理"功能查看和修改所有专家信息。通过"新增"功能增加全国各地的专家。通过"推荐专家审核"功能，审核或驳回各省级单位上报的推荐专家信息。通过"推荐专家汇总"

功能,查看全国各地所有推荐上报的专家信息。

6. **汇总分析** 对各省报送数据进行汇总导出,并进行分析。

五、部(省、地市)直属单位

部(省、地市)直属单位包括相关渔政管理机构、科研院所、推广机构、水产种质资源保护区和水生生物自然保护区管理机构及水生野生动物保护中心等。注意:省直管县按省直属单位权限操作。部(省、地市)直属单位只有一个账号:部(省、地市)直属单位用户,具备报表填报用户权限。在此权限下,可进行资源养护数据填报并开展供苗单位信息管理。主要任务包括:

1. **填写用户信息** 通过"用户信息报送"填写或修改账号信息,还可以通过"修改密码"修改用户账号密码。

2. **填报资源养护基础报表** 根据上级单位分配的报表情况,填报1~8个资源养护基础报表。没有开展相关工作的基础报表不必填报,汇总导出时也不必导出。

3. **新增供苗单位** 鉴于供苗单位人员能力和基础条件参差不齐,部(省、地市)直属单位所属供苗单位信息填写推荐由部(省、地市)直属单位用户根据供苗单位提供的供苗单位信息表纸质版进行录入。需要新增的供苗单位范围包括本年度承担本单位或本辖区各种增殖放流任务(包括各级财政和社会资金支持的增殖放流工作,供应的苗种不仅限于经济物种,还包括珍稀濒危物种)的苗种供应单位。如本年度本单位或本辖区未开展任何形式的增殖放流活动,则不必填写。具体程序见区县级用户新增供苗单位。具体方法见第四章系统使用说明。需要注意的是:如果供苗单位为部(省、地市)直属单位所属供苗单位,填写信息时供苗单位所在地要选择相应的部(省、地市)直属单位。如果供苗单位并非本单位所属供苗单位,新增后在供苗单位管理中默认状态查看不到,但可以在所选区域检索栏中选择对应的辖区即可查看到,同时也可根据新增供苗单位时填写的用户名和密码通过供苗单位登录方式进入系统进行查看和修改。

4. **资源养护专家新增及上报** 部直属单位可以通过"专家管理"功能,查看和修改单位所在地为部直属单位的专家信息。通过"新增"功能增加单位所在地为本省行政区划范围内的专家。通过"推荐专家新增"功能在全国资源养护专家信息库中遴选上报推荐专家。

5. **汇总导出上报** 根据基础报表填写情况,部(省、地市)直属单位用户汇总导出1~12个汇总报表。没有相关内容的汇总导出表不必导出。开展年度供苗单位上报的区县级用户还要导出每一个供苗单位的信息登记表。程序如下：在系统中打开《中央财政增殖放流供苗单位汇总表》，点击单位名称栏中的每一个供苗单位名称可以查看中央财政增殖放流供苗单位的详细信息，并可以导出《中央财政增殖放流苗种生产单位信息登记表》。然后部（省、地市）直属单位用户将汇总导出报表签字盖章，进行扫描或拍照。接着将汇总导出表扫描或拍照的电子版其连同工作总结电子版以及活动图片资料在"资源养护信息采集"栏目下选择"数据报送"项目中的"报送总结材料"，进行报送。注意：每个汇总导出表只需要拍照或扫描有单位盖章的一页。最后，如果上级单位需要相关材料的纸质版和电子版，请将工作总结、汇总导出报表以及活动图片资料纸质版和电子版分别通过快递和邮件形式发送至上级单位。

第二章

水生生物资源养护信息采集指标体系

水生生物资源养护信息采集指标体系，是根据当前资源养护信息采集任务的需要，能够全面反映资源养护信息的数量特征和数量关系相互联系的一套指标，是用来反映和描述采集对象基本状况和特种变化的综合数量。

水生生物资源养护信息采集指标体系，作为资源养护信息采集的基本调查组织形式，在资源养护信息采集工作环节中，按照统一规定的表格形式，统一的报送时间和报送程序，自下而上每年向上级部门报送基本资料，为上级部门进行科学决策和规范管理提供数据参考。

第一节　总体设计思路

随着我国水生生物资源养护工作的不断深入和发展，相关工作的规范性和科学性不断增强，对其工作质量和效率的要求也越来越高，对相关公共服务和科技支撑的需求也不断增加。而目前资源养护科技支撑服务比较薄弱，基础性研究工作也相对滞后，特别是基础信息采集和统计分析还未规范开展，这与当前资源养护事业快速发展的形势不相适应。围绕建立水生生物资源养护基础信息采集和分析机制，通过在全国基层单位建立监测和信息采集点，对基层单位进行定点、连续和长期的监测，逐步建立起源头数据真实、准确、科学、系统的资源养护信息采集网，为我国水生生物资源养护工作提供基础数据。

一、采集指标设计原则

采集指标体系不只是一些采集报表，还包括报表内容的确定、报表表式的设计、规定报表的实施范围、采集和分析系统的设计和报送时限，以及对应指标内容的解释。水生生物资源养护信息采集系统由四大体系组成。一是资源养护信息采集体系，二是资源养护信息分析体系，三是增殖放流供苗单位信息管理体系，四是养护专家信息管理体系。针对当前资源养护工作的发展现状和形势，指标体系需从满足当前渔业主管部门进行决策和规范管理的需要而制订。结合资源养护的工作特点，指标体系的确定应坚持"从实际出发，贯彻少而精、易理解和易填报"的原则，既要考虑各部门的需要，也要考虑采集和填报对象的负担，力戒繁琐庞杂，力争指标简明扼要，流程简洁明了。

二、采集指标设计依据

根据部局要求报送资源养护工作总结和相关数据的要求，以及开展增殖放流供苗单位信息备案的要求，设计了资源养护信息采集系统，对资源养护的基础数据和增殖放流供苗单位信息进行统计。信息系统将逐步建成资源养护公共信息服务平台。采集指标主要依据资源养护的以下工作：一是水生生物增殖放流；二是人工鱼礁（巢）和海洋牧场示范区建设；三是禁渔区和禁渔期制度实施；四是自然保护区和水产种质资源保护区建设；五是濒危水生野生物种专项救护；六是渔业水域污染事故情况调查；七是渔业生态环境影响评价；八是农业资源及生态保护补助项目增殖放流督导检查；九是中央财政增殖放流供苗单位管理。

三、信息采集载体

信息采集载体主要包括3种形式：一是基础报表。包括《水生生物增殖放流基础数据统计表》《人工鱼礁（巢）和海洋牧场及示范区建设情况统计表》《禁渔区和禁渔期制度实施情况统计表》《自然保护区和水产种质资源保护区建设情况调查表》《濒危物种专项救护情况统计表》《渔业水域污染事故情况调查统计表》《渔业生态环境影响评价工作情况调查统计表》《农业资源及生态保护补助项目增殖放流情况统计表》以及《中央财政增殖放流苗种生产单位信息登记表》9个表。二是资源养护工作相关报告。包括年度资源养护工作总结报告、年度农业资源及生态保护补助项目增殖放流总结报告，以及年度增殖放流效果评价报告等总结材料。三是图文资料。主要是各地开展资源养护活动的图片资料。

四、采集指标体系

具体包括水生生物增殖放流基础数据，渔业水域污染事故调查基础数据，渔业生态环境影响评价调查基础数据，禁渔区和禁渔期制度实施基础数据，新建自然保护区、水产种质资源保护区基础数据，濒危物种专项救护基础数据采集指标体系，人工鱼礁（巢）/海洋牧场示范区建设基础数据，农业资源及生态保护补助项目增殖放流基础数据，以及报送总结材料等9个采集指标体系。

第二节　水生生物增殖放流基础数据采集指标体系

一、指标体系介绍

以一次放流活动为单位进行基础数据采集，放流活动包括使用中央财政、省级财政、市县财政以及社会资金开展的放流活动。采集指标包括：放流地点、放流时间、放流资金、放流活动组织单位、放流活动级别以及放流品种情况。其中放流品种情况又包括放流品种、放流数量、放流规格、投资金额、供苗单位等（表2-1）。每个填报项目的具体填报字符相关规则见附件《资源养护信息采集系统数据填报字数限制及要求》。

表 2-1　水生生物增殖放流基础数据采集表

放流地点	放流时间	放流资金（万元）	放流活动组织单位	放流活动级别	放流品种情况
▾				国家级 ▾	

放流品种	放流数量（万尾）	放流规格（厘米）	中央投资（万元）	省级投资（万元）	市县投资（万元）	社会投资（万元）	供苗单位	备注
淡水广布种 ▾								

二、各项指标填报要求

（一）放流地点

1．填报方法　从下拉菜单中选择，每个基层填报单位的放流地点均已由上级单位分配好，如果上级单位没有分配，则不能选择。增加新的放流地点需要向上级申请。放流地点所有可选择数据均来自《增殖放流基础数据库》。

2．填报内容　放流地点包括规划重要放流水域、其他海域及内陆其他水域。其中规划重要放流水域为《农业部关于做好"十三五"水生生物增殖放流工作的指导意见》中全国规划的419片重要适宜增殖放流水域，其他海域和内陆其他水域为不属于规划重要放流水域的其他水域。

重要放流水域包括重要江河、重要水库、重要湖泊、重要海域。重要江河涵盖长江、黄河、珠江、黑龙江等重要江河的干流和一级支流，重要江河干流流经的省段，部分重要二级及以下支流归并到主要干支流。部分支流或水库、湖泊等放流地点填写可选择重要江河名称，并在填报表格备注栏注明具体放流地点。例如，松花江支流呼兰河，在填报时，放流地点可选择松花江黑龙江段，并在备注栏注明：放流地点为呼兰河。重要湖泊和水库包括鄱阳湖、洞庭湖、太湖、三峡水库等面积在50千米²以上的大中型湖泊和水库。

（二）放流时间

1. **填报方法** 从下拉框中选择时间，只能选择本年度，否则填写数据将保存至其他年度的数据库中。

2. **填报内容** 填写具体放流时间，要求精确到天。如果放流活动持续多天，选择放流规模最大或放流数量最多的日期填写。

（三）**放流资金**

1. **填报方法** 此栏不用填报，数据由系统自动生成。

2. **填报内容** 本次放流活动投入放流资金总额。

（四）**放流活动组织单位**

1. **填报方法** 自行填写。

2. **填报内容** 填写独立法人单位，如有多个单位参与，请依次填写。

（五）**放流活动级别**

1. **填报方法** 从下拉菜单中选择。

2. **填报内容** 选择国家级、省级、市县级或其他。如果放流活动组织单位包括农业部，则放流活动级别为国家级；放流活动组织单位包括省级渔业主管部门，则放流活动级别为省级；放流活动组织单位包括市县级渔业主管部门，则放流活动级别为市县级。如果属于其他部门，社会团体组织或个人开展的放流活动，则放流活动级别为其他。

（六）**放流品种**

1. **填报方法** 从下拉菜单中选择。每个基层填报单位的放流品种均已由上级单位分配好，如果上级单位没有分配，则不能选择。增加新的放流品种需要向上级申请。放流品种所有可选择数据均来自《水生生物资源数据库》。此外，一次放流活动可能放流多种物种，填报完一个品种的所有项目，可以增加填写下一个品种。

2. **填报内容** 放流品种包括淡水广布种、淡水区域种、海水物种以及珍稀濒危物种。放流品种包括《农业部关于做好"十三五"水生生物增殖放流工作的指导意见》规划的230种适宜放流的物种，以及其他非规划物种（包括非规划淡水广布种、非规划淡水区域种、非规划海水物种及非规划珍稀濒危物种）。

（七）放流数量

1. 填报方法　自行填写放流数量。

2. 填报内容　放流品种的数量。

（八）放流规格

1. 填报方法　自行填写放流规格大小。

2. 填报内容　放流品种的平均规格。鱼类、虾类统一填写全长，贝类统一填写壳长，螺类统一填写壳高，蟹类统一填写头胸甲宽或者变态发育时期，海蜇统一填写伞经，头足类统一填写胴长或受精卵，龟鳖类填写背甲长。受精卵统一填写卵径，并在备注栏注明：放流规格为受精卵卵径。放流规格相差很大的，可分两次填写。

（九）中央投资、省级投资、市县投资、社会投资

1. 填报方法　自行填写投资金额。

2. 填报内容　中央投资填写使用中央财政资金金额，省级投资填写使用省级财政资金金额，市县投资填写使用市县财政资金金额，社会投资填写义务放流（指个人或社会捐助、义务认购及放流承担单位自筹等方式来源的社会资金）、生态补偿及其他来源资金金额。

（十）供苗单位

1. 填报方法　从供苗单位数据库中选择。

2. 填报内容　承担本次增殖放流活动苗种供应单位。请在本行政区域或其他行政区域供苗单位数据库中选择，只能选择一个。如果实际供苗单位有多个，可分多次填写，或只填写最主要的一个。

（十一）备注

1. 填报方法　自行填写。

2. 填报内容　填写需要补充说明的内容。如放流地点、放流品种以及放流规格等要说明的内容。

第三节　渔业水域污染事故调查基础数据采集指标体系

一、指标体系介绍

以一次渔业污染事故为单位进行基础数据采集。采集指标包括：污染事故名

称、发生时间、污染地点、污染面积、污染源、造成污染的原因、主要污染物、责任方、赔偿情况、损失情况。其中损失情况又包括损失种类、损失数量、损失对象属性、经济损失情况等（表2-2）。每个填报项目的具体填报字符相关规则见附件《资源养护信息采集系统数据填报字数限制及要求》。

表2-2 渔业水域污染事故调查基础数据采集表

污染事故名称	发生时间	污染地点	污染面积（公顷）	污染源及造成污染的原因	主要污染物	责任方	赔偿情况（万元）	损失情况
☐	☐	☐	☐	☐	☐	☐	☐	☐

损失对象属性	损失种类	损失数量（吨）	经济损失情况（万元）	操作
天然资源 ▼				保存

二、各项指标填报要求

（一）污染事故名称

1. 填报方法　自行填写。

2. 填报内容　基本命名格式为：有害物质产生主体+有害物质+造成的不良后果。如"永丰县造纸厂废液死鱼事件""芦溪县路行水库养殖废水污染饮用水事件""上海星牧养殖合作社粪便污染死鱼事件"。

（二）发生时间

1. 填报方法　从下拉框中选择时间，只能选择本年度，否则填写数据将保存至其他年度的数据库中。

2. 填报内容　填写具体事故发生时间，要求精确到天。

（三）污染地点

1. 填报方法　自行填写。

2. 填报内容　内陆地点要求精确到乡镇，海洋须注明具体海区和地点，例如，渤海莱州湾下营、东海闽江口川石岛海域。

（四）污染面积

1. 填报方法　自行填写面积数值。

2. 填报内容　填写受污染水域面积，单位为公顷。

（五）污染源及造成污染的原因

1. 填报方法　自行填写。

2．**填报内容** 先填写污染源，污染源填写基本格式为：有害物质产生主体+有害物质，如明光造纸厂废液。再填写造成污染的原因。

（六）主要污染物

1．**填报方法** 自行填写。

2．**填报内容** 填写造成渔业水域污染事故的主要污染物。

（七）责任方

1．**填报方法** 自行填写。

2．**填报内容** 填写造成渔业水域污染事故的责任方。

（八）赔偿情况

1．**填报方法** 自行填写数值。

2．**填报内容** 填写赔偿金额数值，如没有赔偿金额，填写0。

（九）损失对象属性

1．**填报方法** 从下拉框中选择选择。

2．**填报内容** 选择天然资源、人工养殖、饮用水源中的一种。如果损失对象为野生动植物，则损失对象属性为天然资源；如果损失对象为人工养殖的水产品，则损失对象属性为人工养殖。此外一次污染事故可能污染多种属性对象，填报完一个属性对象的损失情况，可以增加填写另一个属性对象的损失情况。

（十）损失种类

1．**填报方法** 自行填写。

2．**填报内容** 填写损失的天然资源和养殖水产品名称。如果损失对象属性为饮用水源，损失种类填写"天然水资源"或"饮用水"。

（十一）损失数量

1．**填报方法** 自行填写损失种类的质量数值。

2．**填报内容** 填写损失的天然资源和养殖水产品的质量。如果属于水资源，将水体体积换算成相应的质量（1米³水体约等于1吨）。

（十二）经济损失情况

1．**填报方法** 自行填写金额数值。

2．**填报内容** 填写损失种类的经济损失金额。

第四节　渔业生态环境影响评价基础数据采集指标体系

一、指标体系介绍

以一次渔业生态环境影响评价工作为单位进行基础数据采集。采集指标包括项目名称、评价时间、项目实施地点、工程位置、参与情况、工程对渔业（保护区）影响情况、采取措施、补偿情况以及备注等（表2-3）。每个填报项目的具体填报字符相关规则见附件《资源养护信息采集系统数据填报字数限制及要求》。

表2-3　渔业生态环境影响评价基础数据采集表

序号	项目名称	评价时间	项目实施地点	工程位置	参与情况
15		2016-6-8			

工程对渔业（保护区）影响情况	采取措施	补偿金额（万元）	备注	操作	

二、各项指标填报要求

（一）项目名称

1. 填报方法　自行填写。

2. 填报内容　填写项目或工程名称。

（二）评价时间

1. 填报方法　从下拉框中选择选择时间，只能选择本年度，否则填写数据将保存至其他年度的数据库中。

2. 填报内容　填写开展渔业生态环境影响评价的时间，要求精确到天。

（三）项目实施地点

1. 填写方法　自行填写。

2. 填报内容　填写项目实时地的行政区划名称，根据工程涉及的行政区划情况，可填写市级、县级或乡镇行政区划名称，或多个行政区划名称。

（四）工程位置

1. 填写方法　自行填写。

2．填报内容　填写工程建设的具体地点。

（五）参与情况

1．填写方法　自行填写。

2．填报内容　填写相关渔业部门参与渔业生态环境影响评价工作的情况。

（六）工程对渔业（保护区）影响情况

1．填写方法　自行填写。

2．填报内容　填写工程对渔业资源或水产种质资源保护区以及水生生物自然保护区的具体影响情况。例如，电站大坝阻隔和减水河段影响鱼类资源；施工期部分堤段需要布置围堰，运行后占用保护区部分缓冲区；特殊工程，大型水下开挖采砂，对海洋生物、渔业资源产生较大影响等。

（七）采取措施

1．填写方法　自行填写。

2．填报内容　填写工程或项目建设方为补偿工程对渔业生态环境影响而采取的措施。

（八）补偿金额

1．填写方法　自行填写数值。

2．填报内容　填写工程或项目建设方因工程对渔业生态环境造成影响而做出的补偿金额。

（九）备注

1．填写方法　自行填写。

2．填报内容　填写需要备注的内容，建议在此注明组织或主持开展渔业生态环境影响评价的单位名称。

第五节　禁渔区和禁渔期制度实施基础数据采集指标体系

一、指标体系介绍

以一项禁渔制度实施为单位进行基础数据采集。禁渔制度统计范围包括海洋伏季休渔制度、长江禁渔期制度、珠江禁渔期制度，以及各海区、省（自治区、直辖市）自行组织的禁渔区和禁渔期制度。一项禁渔制度必须具备3个要素，禁渔时间、禁渔范围、禁渔作业类型。当禁渔范围不变的情况下，禁渔时间和禁渔作业类型发生变化时，应作为另一项的禁渔制度进行统计。当禁渔时间和禁渔作业类型不变的情况下，禁渔范围发生变化，应作为另一项的禁渔制度进行统计。采集指标包括禁渔名称、禁渔时间、禁渔范围、保护对象、禁渔作业类型、涉及渔船数量、涉及渔民数量等（表2-4）。每个填报项目的具体填报字符相关规则见附件三《资源养护信息采集系统数据填报字数限制及要求》。注意：此表可由各省级单位根据需要自主决定是否分配给下级填写，即该表也可由省级渔业主管部门统一填写，填写禁渔期和禁渔区制度总体实施情况。

表2-4 禁渔区和禁渔期制度实施基础数据采集表

序号	禁渔时间	禁渔名称	禁渔范围	保护对象	禁渔作业类型	涉及渔船数量（艘）	涉及渔民数量（人）	操作
				请填禁渔区和禁渔期制度情况				
新增	⬚	⬚	⬚	⬚	⬚	⬚	⬚	保存

二、各项指标填报要求

（一）禁渔时间

1. 填报方法　自行填写。

2. 填报内容　先填写年度，再填写禁渔起始和结束时间，要求精确到日。如2016年2月1日至7月15日。

（二）禁渔名称

1. 填报方法　自行填写。

2. 填报内容　填写具体禁渔制度名称。格式为：年度+行政区划+禁渔制度，例如，2016年重庆市万州区长江流域禁渔期制度。

（三）禁渔范围

1. 填报方法　自行填写。

2. 填报内容　填写禁渔期和禁渔区实施的区域或区域范围，要求区域或区域范围表述准确，没有歧义。

（四）保护对象

1. 填报方法　自行填写。

2. 填报内容　填写实施禁渔期和禁渔区制度所保护的渔业资源种类或物种范围，即渔期和禁渔区制度实施的目的。要求种类或物种范围表述准确，没有歧义。

（五）禁渔作业类型

1. **填报方法**　自行填写。

2. **填报内容**　填写为达到有效保护保护对象的目的而要求禁渔作业的类型。

（六）涉及渔船数量

1. **填报方法**　自行填写数值。

2. **填报内容**　填写因实施禁渔制度而受到影响的专业捕捞渔船数量。

（七）涉及渔民数量

1. **填报方法**　自行填写数值。

2. **填报内容**　填写因实施禁渔制度而受到影响的专业捕捞渔民数量。

第六节　新建自然保护区、水产种质资源保护区基础数据采集指标体系

一、指标体系介绍

以一个新建（晋升）自然或水产种质资源保护区为单位进行基础数据采集。新建自然保护区、水产种质资源保护区统计范围包括已批准或待批准县级以上水生生物类自然保护区、自然生态系统类自然保护区以及水产种质资源保护区。采集指标包括保护区名称、所在地及地理坐标、保护区面积、主要保护对象、保护区类型、级别、建立（晋升）时间、批准文件、管理机构等（表2-5）。每个填报项目的具体填报字符相关规则见附件《资源养护信息采集系统数据填报字数限制及要求》。

表2-5　自然保护区、水产种质资源保护区基础数据采集表

序号	保护区名称	所在地及地理坐标	保护区面积（公顷）	主要保护对象	保护区类型
					自然生态系统类自然 ▼

级别	建立（晋升）时间	批准文件	管理机构
国家级 ▼			

二、各项指标填报要求

（一）保护区名称

1. **填报方法**　自行填写。

2. **填报内容** 填写自然保护区、水产种质资源保护区经相关部门正式批准后的规范名称。

（二）所在地及地理坐标

1. **填报方法** 自行填写。

2. **填报内容** 先填写自然保护区、水产种质资源保护区所在地的行政区划名称，需要精确到县级，再填写自然保护区、水产种质资源保护区区域范围地理坐标。

（三）保护区面积

1. **填报方法** 自行填写数值，单位为公顷（1公顷=0.01千米^2=10 000米^2）。

2. **填报内容** 填写保护区总面积，包括核心区、缓冲区和试验区的总面积。

（四）主要保护对象

1. **填报方法** 自行填写。

2. **填报内容** 填写保护物种学名，可填写多个物种。例如，"主要保护对象为元江鲤，其他保护物种包括罗非鱼、江鳅、甲鱼等"。

（五）保护区类型

1. **填报方法** 从下拉列框中选择。

2. **填报内容** 选择水生生物类自然保护区、自然生态系统类自然保护区及水产种质资源保护区中的一种。

自然生态系统类自然保护区，是指以具有一定代表性、典型性和完整性的生物群落和非生物环境共同组成的生态系统作为主要保护对象的一类自然保护区，下分5个类型：森林生态系统类型自然保护区（以森林植被及其生境所形成的自然生态系统作为主要保护对象的自然保护区）、草原与草甸生态系统类型自然保护区（以草原植被及其生境所形成的自然生态系统作为主要保护对象的自然保护区）、荒漠生态系统类型自然保护区（以荒漠生物和非生物环境共同形成的自然生态系统作为主要保护对象的自然保护区）、内陆湿地和水域生态系统类型自然保护区（以水生和陆栖生物及共生境共同形成的湿地和水域生态系统作为主要保护对象的自然保护区）、海洋和海岸生态系统类型自然保护区（以海洋、海岸生物与其生境共同形成的海洋和海岸生态系统作为主要保护对象的自然保护区）。

野生生物类自然保护区，是指以野生生物物种，尤其是珍稀濒危物种种群及其自然生境为主要保护对象的一类自然保护区，共分为2个类型：野生动物类型自然保护区（以野生动物物种，特别是珍稀濒危动物和重要经济动物种种群及其自然生境作为主要保护对象的自然保护区）；野生植物类型自然保护区（以野生植物物种，特别是珍稀濒危植物和重要经济植物种种群及其自然生境作为主要保护对象的自然保护区）。

水产种质资源保护区，是指为保护水产种质资源及其生存环境，在具有较高经济价值和遗传育种价值的水产种质资源的主要生长繁育区域，依法划定并予以特殊保护和管理的水域、滩涂及其毗邻的岛礁、陆域。

（六）保护区级别

1．方法　从下拉列框中选择。

2．内容　选择国家级、省级、地市级、县级中的一种。

（七）建立（晋升）时间

1．方法　从下拉列框中选择。

2．内容　已批准建立或晋升的保护区选择正式批准文件发布时间。待批准的保护区选择正式申报文件印发时间。

（八）批准文件

1．填报方法　自行填写。

2．填报内容　已批准的保护区填写正式批准文件的文号。待批准的保护区填写"待批准"。

（九）管理机构

1．填报方法　自行填写。

2．填报内容　填写保护区的实际或具体管理机构，非上级主管部门。

第七节　濒危物种专项救护基础数据采集指标体系

一、指标体系介绍

以一个濒危物种专项救护工作为单位进行基础数据采集。采集指标包括救护物种、救护数量、发现位置、救护时间、后续处理情况等（表2-6）。每个填报项目的具体填报字符相关规则见附件《资源养护信息采集系统数据填报字数限制及要求》。

表2-6　濒危物种专项救护基础数据采集表

序号	救护物种	救护数量（头）	发现位置	救护时间	后续处理情况
	珍稀濒危物种　▼				

二、各项指标填报要求

（一）救护物种

1. **填报方法**　从下拉列框中选择。救护物种所有可选择数据来源于《水生生物资源数据库》中的珍稀濒危物种。

2. **填报内容**　救护物种包括《农业部关于做好"十三五"水生生物增殖放流工作的指导意见》规划的64种珍稀濒危物种，以及非规划珍稀濒危物种（各地可根据实际需要向农业部管理员申请增加救护物种的种类）。注意：系统自动设置可选择的珍稀濒危物种只能在该省已分配的放流品种范围内选择。如果没有可选择的物种，则需要农业部管理员为该省分配相应的珍稀濒危物种。

（二）救护数量

1. **填报方法**　自行填写数值。

2. **填报内容**　填写救护珍稀濒危物种的数量。

（三）发现位置

1. **填报方法**　自行填写。

2. **填报内容**　填写珍稀濒危物种发现时的地理位置，要求地点表述准确，一般需要精确到县级。如"重庆市万州区晒网坝水域"。如果濒危物种为市民捐赠，则填写"市民捐赠"。

（四）救护时间

1. **填报方法**　从下拉列框中选择。

2. **填报内容**　填写开展救护的时间，要求精确到天。

（五）后续处理情况

1. **填报方法**　自行填写。

2. **填报内容**　填写珍稀濒危物种后续处理情况。

第八节　人工鱼礁（巢）/海洋牧场示范区建设基础数据采集指标体系

一、指标体系介绍

以建设一处人工鱼礁（巢）、海洋牧场和创建一处海洋牧场示范区为单位进行基础数据采集。采集范围包括人工鱼礁、海洋牧场、海洋牧场示范区以及内陆人工鱼巢。采集指标包括人工鱼礁（巢）、海洋牧场及示范区名称，建设或创建地点，建设或创建时间，覆盖水域或海域面积，建设或创建类型、建设或创建规模、资金金额、资金来源、管理和维护单位等（表2-7）。每个填报项目的具体填报字符相关规则见附件《资源养护信息采集系统数据填报字数限制及要求》。

表2-7　人工鱼礁（巢）/海洋牧场示范区建设基础数据采集表

序号	类型	人工鱼礁（巢）海洋牧场名称 *	建设地点 *	建设时间 *	覆盖海域（公顷）*	建设类型 *
新增	人工鱼礁　▼					资源保护型鱼礁　▼

建设规模（空方）	资金金额（万元）	资金来源	管理维护单位 *	操作
				保存

二、各项指标填报要求

（一）人工鱼礁（巢）/海洋牧场示范区名称

1. 填报方法　自行填写。

2. 填报内容　填写名称规则为"所在水域+建设或创建类型"，例如，天津市大神堂海域国家级海洋牧场示范区，资水新化段人工鱼巢。

（二）建设或创建地点

1. 填报方法　自行填写。

2. 填报内容　填写建设或创建所在地行政区划名称，要求精确到县级。

（三）建设或创建时间

1. 填报方法　从下拉列框中选择。

2. 填报内容　如果属于人工鱼礁（巢）、海洋牧场，填写工程或项目竣工的时间要求精确到天；如果属于国家级或省级海洋牧场示范区，填写正式批准文件发布时间，要求精确到天。

（四）覆盖水域或海域面积

1．填报方法　自行填写时间。

2．填报内容　填写人工鱼礁（巢）、海洋牧场及海洋牧场示范区覆盖水域或海域面积。

（五）建设或创建类型

1．填报方法　从下拉列框中选择。

2．填报内容　如果是人工鱼礁，类型选择：资源保护型鱼礁、资源保护型贝藻礁、资源保护型鱼贝藻类复合礁、资源增殖型鱼礁、资源增殖型贝藻礁、资源增殖型鱼贝藻类复合礁。如果是人工鱼巢，类型选择：生态浮床（漂浮湿地）、软基质人工鱼巢、硬基质人工鱼巢。人工鱼巢构成物主要是棕片、树枝、草根等非活体的柔软基质建造为软基质人工鱼巢，人工鱼巢构成物主要是轮胎、礁石、竹木条、杉木皮等非活体的较硬基质建造为硬基质人工鱼巢，人工鱼巢主要是活体的水生动植物构成，则为生态浮床（漂浮湿地）。如果是海洋牧场或海洋牧场示范区，类型选择：养护型海洋牧场、增殖型海洋牧场、休闲型海洋牧场、渔获型海洋牧场、国家级海洋牧场示范区（养护型）、国家级海洋牧场示范区（增殖型）、国家级海洋牧场示范区（休闲型）。其中，养护型海洋牧场及示范区以修复生态环境、保护渔业资源为主要目的。增殖型海洋牧场及示范区以增殖渔业资源为主要目的。休闲型海洋牧场及示范区以游钓、休闲渔业为主要目的。渔获型海洋牧场以诱集水生动物从而提高渔业产量或渔获质量为主要目的。

（六）建设或创建规模

1．填报方法　自行填写数值。

2．填报内容　填写人工鱼礁（巢）、海洋牧场及海洋牧场示范区建设或创建体积大小。

（七）资金金额

1．填报方法　自行填写数值。

2．填报内容　填写人工鱼礁（巢）、海洋牧场及海洋牧场示范区建设或创建投入资金金额。

（八）资金来源

1．填报方法　从下拉列框中选择。

2．填报内容　选择中央财政、省级财政、市县财政及社会资金。社会资金为各级财政资金外的资金投入来源。

（九）管理维护单位

1．填报方法 自行填写。

2．填报内容 填写人工鱼礁（巢）、海洋牧场及海洋牧场示范区具体管理维护单位。

第九节 农业资源及生态保护补助项目增殖放流基础数据采集指标体系（中央财政增殖放流基础数据采集指标体系）

一、指标体系介绍

以某行政区域年度农业资源及生态保护补助项目执行情况为单位进行基础数据采集。采集指标包括淡水经济物种放流计划投入资金和计划放流数量，以及实际执行资金和实际放流数量；海水经济物种放流计划投入资金和计划放流数量，以及实际执行资金和实际放流数量；珍稀濒危物种放流计划投入资金和计划放流数量，以及实际执行资金和实际放流数量（表2-8）。每个填报项目的具体填报字符相关规则见附件《资源养护信息采集系统数据填报字数限制及要求》。注意：此表可由各省级单位根据需要自主决定是否分配给下级单位填写，即该表也可由省级渔业主管部门统一填写，填写本省农业资源及生态保护补助项目总体执行情况。

表2-8 2016年农业资源及生态保护补助项目增殖放流情况统计表

项目内容	实施方案计划放流情况		实际执行情况	
	资金规模（万元）	放流数量（万尾）	资金规模（万元）	放流数量（万尾）
淡水经济物种				
海水经济物种				
珍稀濒危物种				
合计				

二、各项指标填报要求

（一）实施方案计划放流淡水经济（海水经济、濒危）物种资金规模

1. **填报方法** 自行填写数值，单位为万元。

2. **填报内容** 填写本辖区内农业资源及生态保护补助项目实施方案中淡水经济（海水经济、濒危）物种放流计划投入资金。

（二）实施方案计划放流淡水经济（海水经济、濒危）物种放流数量

1. **填报方法** 自行填写数值，单位为万尾。

2. **填报内容** 填写本辖区内农业资源及生态保护补助项目实施方案中淡水经济（海水经济、濒危）物种放流计划放流数量。

（三）实际执行淡水经济（海水经济、濒危）物种资金规模

1. **填报方法** 自行填写数值，单位为万元。

2. **填报内容** 填写本辖区内农业资源及生态保护补助项目淡水经济（海水经济、濒危）物种放流实际投入资金。

（四）实际执行淡水经济（海水经济、濒危）物种放流数量

1. **填报方法** 自行填写数值，单位为万尾。

2. **填报内容** 填写本辖区内农业资源及生态保护补助项目淡水经济（海水经济、濒危）物种放流实际放流数量。

第十节 资源养护总结材料采集指标体系

一、指标体系介绍

以某行政区域年度资源养护相关总结材料为单位进行数据采集。采集指标包括总结报告、证明材料以及活动图片资料（表2-9）。具体报送方法不同于资源养护基础数据报表，除各区县级用户要报送相应的总结材料至地市级渔业主管部门外，地市级管理员要通过地市本级用户账号报送本地区的总结材料至省级渔业主管部门，省级管理员要通过省本级用户账号报送本省的总结材料至农业部。

表 2-9　资源养护相关总结材料数据采集表

材料标题		
报送总结报告	［＿＿＿＿］ ［浏览］	必须为 word 或 PDF 格式
证明材料	［＿＿＿＿］ ［浏览］	必须为 jpg 或 PDF 格式
活动图片资料	［＿＿＿＿］ ［浏览］	必须为 jpg 或 PDF 格式（多张图片请压缩为 rar 或 zip 文件后上传）
［数据报送］		［申请修改］

二、各项指标填报要求

（一）材料标题

1. 填报方法　自行填写。

2. 填报内容　填报格式为"年度+行政区划名称+水生生物资源养护工作总结材料"，例如，2016年度安徽省安庆市水生生物资源养护工作总结材料。

（二）总结报告

1. 填报方法　选择本地文件上传，必须为word或pdf格式。

2. 填报内容　总结报告为本年度本行政区域或本单位水生生物资源养护工作开展的基本情况和主要成效。

（三）证明材料

1. 填报方法　选择本地文件（报表扫描图片或拍照图片的电子版）上传，可以为jpg、pdf、word、rar格式。每个汇总导出报表只需上报加盖公章的其中一页，即最多需要上传12张图片。如果是多张图片，可以压缩为rar文件再上传，也可以将全部图片粘贴到word中进行上传。注意：上传压缩文件大小不能超过10MB，否则可能上传不成功。

2. 填报内容　加盖单位公章的本行政区域或本单位资源养护汇总导出报表。

（四）活动图片资料

1. 填报方法　选择本地文件上传，可以为jpg、pdf、word、rar格式。如果是多张图片，可以压缩为rar文件再上传，也可以将全部图片图片粘贴到word中进行上传。注意：上传压缩文件大小不能超过10MB，否则可能不能上传成功。

2. 填报内容　活动图片资料为有关水生生物资源养护工作成果资料。包括本辖区宣传贯彻落实《中国水生生物资源养护行动纲要》等文件开展增殖放流等水生生物资源养护活动的相关图片资料，并辅以相关说明。

第十一节　水生生物资源养护信息采集报表制度（汇总导出）

报表制度是通过报表来体现采集指标。本系统汇总导出的报表与农业部渔业渔政管理局要求报送资源养护统计表表格内容基本一致，各地可以将汇总导出的报表电子版和盖章纸质版报送部局。汇总导出的报表包括《海洋生物资源增殖放流统计表》《淡水物种增殖放流统计表》《珍稀濒危水生野生动物增殖放流统计表》《水生生物增殖放流基础数据统计表》《渔业污染事故情况调查统计表》《渔业生态环境影响评价工作情况调查统计表》《禁渔区和禁渔期制度实施情况统计表》《新建自然保护区和水产种质资源保护区情况调查统计表》《濒危物种专项救护情况调查统计表》《人工鱼礁（巢）和海洋牧场及示范区建设情况统计表》《中央财政增殖放流供苗单位汇总表》等12个统计表的功能。这12个统计表反映了行政区域内年度资源养护工作基本情况，供相关行政主管部门备案和参考。

一、海洋生物资源增殖放流统计表

该表主要反映年度内该行政区域的海洋生物每个品种放流数量和投入资金的基本情况。包括放流品种、放流数量、放流单价，投入资金以及举办活动次数等增殖放流的基础数据（表2-10）。

表2-10　2016年海洋生物资源增殖放流统计表

放流品种		放流数量（万尾）	单价（元/万尾）	投入资金（万元）				举行活动次数
				中央	省级	市县	社会	
虾类	中国对虾							国家级：0次 省级：0次 市县级：0次
	日本对虾							
	脊尾白虾							
	长毛对虾							
	刀额新对虾							

（续）

放流品种		放流数量（万尾）	单价（元／万尾）	投入资金（万元）				举行活动次数
				中央	省级	市县	社会	
虾类	斑节对虾							国家级：0次省级：0次市县级：0次
	墨吉对虾							
蟹类	锯缘青蟹							
	三疣梭子蟹							
头足类	金乌贼							
	曼氏无针乌贼							
	长蛸							
水母类	海蜇							
鲆鲽类	褐牙鲆							
	圆斑星鲽							
	钝吻黄盖鲽							
	半滑舌鳎							
……	断斑石鲈							
非规划海洋物种	小黄鱼							
	……							
合计								

填表单位：（盖章）　　　填表人：　　　联系电话：　　　填表日期：

二、淡水物种增殖放流统计表

该表主要反映年度该行政区域内淡水物种（包括淡水广布种和淡水区域种）每个品种放流数量和投入资金的基本情况。包括放流品种、放流数量、放流单价，投入资金以及举办活动次数等增殖放流的基础数据（表2-11）。

表2-11　2016年淡水物种增殖放流统计表

放流品种		放流数量（万尾）	单价（元／万尾）	投入资金（万元）				举行活动次数
				中央	省级	市县	社会	
鱼类	鲢							国家级：0次省级：0次市县级：0次

（续）

放流品种		放流数量（万尾）	单价（元/万尾）	投入资金（万元）				举行活动次数
				中央	省级	市县	社会	
鱼类	鳙							
	细鳞鲴							
	黄尾鲴							
	草鱼							
	青鱼							
	鳊							
	赤眼鳟							
	鲂							
虾蟹类	日本沼虾							
	中华绒螯蟹							
其他类	中华鳖							
非规划淡水广布种	鲤							国家级：0 次 省级：0 次 市县级：0 次
	鲫							
	红鳍鲌							
	马口鱼							
	乌龟							
东北区域种	瓦氏雅罗鱼							
	滩头雅罗鱼							
	珠星雅罗鱼							
	怀头鲇							
	江鳕							
	大麻哈鱼							
	乌苏里拟鲿							
	黑斑狗鱼							
西北区域种	兰州鲇							
	大鳍鼓鳔鳅							
……	……							
非规划淡水区域种	日本鳗鲡							
	……							
合计		0	—				0	

填表单位：（盖章）　　　　填表人：　　　　联系电话：　　　　填表日期：

三、珍稀濒危水生野生动物增殖放流统计表

该表主要反映年度该行政区域内珍稀濒危水生野生动物每个品种放流数量和投入资金的基本情况。包括放流品种、放流数量、放流单价，投入资金以及举办活动次数等增殖放流的基础数据（表2-12）。

表2-12　2016年珍稀濒危水生野生动物增殖放流统计表

放流品种		放流数量（万尾）	单价（元／万尾）	投入资金（万元）				举行活动次数
				中央	省级	市县	社会	
鲟科鱼类	中华鲟							
	达氏鲟							
	施氏鲟							
	达氏鳇							
鲤科鱼类	大头鲤							
	乌原鲤							
	岩原鲤							
	胭脂鱼							
	唐鱼							
	多鳞白甲鱼							
	滇池金线鲃							
	阳宗金线鲃							国家级：0次
	抚仙金线鲃							省　级：0次
	大鼻吻鮈							市县级：0次
	长鳍吻鮈							
	金沙鲈鲤							
	后背鲈鲤							
	花鲈鲤							
裂腹鱼类	斑重唇鱼							
	新疆裸重唇鱼							
	厚唇裸重唇鱼							
	极边扁咽齿鱼							
	骨唇黄河鱼							
	扁吻鱼							
	祁连山裸鲤							
	青海湖裸鲤							
	尖裸鲤							
	细鳞裂腹鱼							
	澜沧裂腹鱼							

（续）

放流品种		放流数量（万尾）	单价（元/万尾）	投入资金（万元）				举行活动次数
				中央	省级	市县	社会	
裂腹鱼类	塔里木裂腹鱼							
	拉萨裂腹鱼							
	巨须裂腹鱼							
鲐鳅鱼类	长薄鳅							
	拟鲇高原鳅							
	黑斑原鮡							
	巨魾							
	斑鳠							
鲑鳟鱼类	细鳞鲑							
	秦岭细鳞鲑							
	川陕哲罗鲑							
	太门哲罗鲑							
	马苏大麻哈鱼							
	花羔红点鲑							
	鸭绿江茴鱼							
	北极茴鱼							
	黑龙江茴鱼							
贝类	背瘤丽蚌							国家级：0次 省级：0次 市县级：0次
	大珠母贝							
	库氏砗磲							
两栖爬行类	棘胸蛙							
	大鲵							
	黑颈乌龟							
	鼋							
	黄缘闭壳龟							
	黄喉拟水龟							
	绿海龟							
	山瑞鳖							
其他类	中国鲎							
	南方鲎							
	文昌鱼							
其他鱼类	松江鲈							
	褐毛鲿							
	克氏海马							
	刀鲚							

（续）

放流品种		放流数量 （万尾）	单价 （元／万尾）	投入资金（万元）				举行活动次数
				中央	省级	市县	社会	
非规划珍稀 濒危物种	长臂鮠							
	卷口鱼							
合计		0	—					

填表单位：（盖章）　　　　　填表人：　　　联系电话：　　　　填表日期：

四、水生生物增殖放流基础数据统计表

该汇总统计表主要反映某个行政区划内各个分配水域的各种物种的具体放流情况。包括放流地方、放流时间、放流数量、放流规格、放流投入资金、活动组织单位、放流活动级别、供苗单位等增殖放流的基础数据（表2-13）。由该统计表可以生成《海洋生物增殖放流基础数据统计表》《淡水物种增殖放流基础数据统计表》《珍稀濒危水生野生动物增殖放流基础数据统计表》。

表 2-13　2016 年水生生物增殖放流基础数据统计表

放流 地点	放流 时间	放流 品种	放流数量 （万尾）	放流规格 （厘米）	放流 资金 （万元）	资金来源	放流活动 组织单位	放流活 动级别	供苗 单位	备注
淮河干流河南段	2016-6-28	鲢	434.00	1	2.00	中央：2.00 省级：0.00 市县：0.00 社会：0.00	信阳市水产局	市级	信阳南湾水库四大家鱼苗种场	
	2016-6-28	黄尾鲴	22.00	2	39.00	中央：2.00 省级：33.00 市县：4.00 社会：0.00	信阳市水产局	市县级	信阳南湾水库四大家鱼苗种场	发射点
	2016-6-8	鲢	20.00	3	5.00	中央：5.00 省级：0.00 市县：0.00 社会：0.00	商城县水产局	市县级	信阳南湾水库四大家鱼苗种场	
鲇鱼山水库	2016-6-8	鲢	12.00	3	42.00	中央：10.00 省级：20.00 市县：12.00 社会：0.00	商城县水产局	省级	商城县水产苗种场	士大夫
合计			488		88					

填表单位：（盖章）　　　　　填表人：　　　联系电话：　　　　填表日期：

五、渔业水域污染事故情况调查统计表

该表主要反映年度该行政区域内渔业水域污染事故的基本情况。包括污染事故名称，发生时间，污染地点，污染面积，污染源及造成污染的原因，主要污染物、责任方、赔偿情况，损失情况等的基础数据（表2-14）。

表2-14　2016年渔业水域污染事故情况调查统计表

编号	污染事故名称	发生时间	污染地点	污染面积（公顷）	损失种类	经济损失情况（万元）	损失数量(吨)	天然资源或人工养殖	污染源及造成污染的原因	主要污染物	责任方	赔偿情况
1	商城县养猪场污染事故	2016-8-10	灌河	23.00	四大家鱼	1.00	0.50	天然资源	养猪场排泄物泄漏	养猪场粪水	商城县养猪场	23.00
2	万州区燕子村大鲵养殖污染	2016-8-10	万能家镇燕子村	0.40	大鲵	12.50	0.60	人工养殖	万开高速路隧洞维修施工排放油污物	油污	中铁十七局集团	10.00
合计	—	—	—	46.00	46.00	46.00	23.50	—	—	—	—	46.00

填表单位：（盖章）　　　　　填表人：　　　　　联系电话：　　　　　填表日期：

六、渔业生态环境影响评价工作情况调查统计表

该表主要反映年度该行政区域内渔业生态环境影响评价工作的基本情况。包括项目名称、评价时间、项目实施地点、工程位置、参与情况、工程对渔业（保护区）影响情况、采取措施、补偿情况，备注等的基础数据（表2-15）。

表2-15　2016年渔业生态环境影响评价工作情况调查统计表

序号	项目名称	评价时间	项目实施地点	工程位置	参与情况	工程对渔业（保护区）影响情况	采取措施	补偿情况	备注
1	铜仁高速锦江特大桥	2016-10-22	铜仁市碧江区	锦江河恶滩	配合参与	工程施工和运营造成渔业资源损失	水污染防治措施；鱼类专项保护措施；风险事故防范措施	0.00	省级初审还未补偿

（续）

序号	项目名称	评价时间	项目实施地点	工程位置	参与情况	工程对渔业（保护区）影响情况	采取措施	补偿情况	备注
2	渝怀铁路复线乌江桥建设	2016-1-1	涪陵荔枝街道乌江村	乌江铁路桥水域	现场检查	施工爆破破坏江河渔业资源	未采取相关措施	0.00	未看到环评资料
合计								0.00	

填表单位：（盖章）　　　　　填表人：　　　　　联系电话：　　　　　填表日期：

七、禁渔区和禁渔期制度实施情况统计表

该表主要反映年度该行政区域内禁渔期和禁渔区制度实施的基本情况。包括禁渔名称、禁渔时间、禁渔范围、保护对象、禁渔作业类型、涉及渔船数量、涉及渔民数量等的基础数据（表2-16）。

表2-16　2016年禁渔区和禁渔期制度实施情况统计表

序号	禁渔时间	禁渔名称	禁渔范围	保护对象	禁渔作业类型	涉及渔船数量（艘）	涉及渔民数量(人)
1	2016年2月1日—4月30日	长江三峡库区湖北段禁渔	长江葛洲坝以上至鄂渝交界处	长江野生渔业资源	禁止所有作业	1 116	2 300
2	2016年5月1日—7月30日	2016年黄河达拉特段禁渔行动	黄河内蒙古达拉特段	兰州站黄河鲤幼鱼	刺网、地笼、流网	29	65
合计						1 145	2 365

填表单位：（盖章）　　　　　填表人：　　　　　联系电话：　　　　　填表日期：

八、新建自然保护区、水产种质资源保护区情况调查统计表

该表主要反映年度该行政区域内新建（晋升）自然或水产种质资源保护区的基本情况。包括保护区名称、所在地及地理坐标、保护区面积、主要保护对象、保护区类型、级别、建立（晋升）时间、批准文件、管理机构等基础数据（表2-17）。

表 2-17　2016 年新建自然保护区、水产种质资源保护区情况调查统计表

序号	保护区名称	所在地及地理坐标	保护区面积(公顷)	主要保护对象	保护区类型	级别	建立(晋升)时间	批准文件	管理机构
1	芙蓉江特有鱼类国家级水产种质资源保护区	遵义市绥阳县，坐标北纬28°05'52"-28°13'01"，东经107°02'31"-107°29'39"，	220	四川裂腹鱼、鲈鲤、南方鲇、中华倒刺鲃	水产种质资源保护区	国家级	2016-12-01	农业部第2181号公告	绥阳县农牧局
2	湖南桃江羞女湖国家湿地公园	桃江县佟山电站大坝至马迹塘电站大坝水域，坐标：北纬28°30'49"-28°35'26"，东经111°53'53"-111°55'51"	2073	水源、水质、动植物栖息点	自然生态系统类自然保护区	国家级	2016-12-31	林湿发〔2016〕205号	桃江县林业局
合计			2293						

填表单位：（盖章）　　　　　填表人：　　　　联系电话：　　　　填表日期：

九、濒危物种专项救护情况调查统计表

该表主要反映年度该行政区域内濒危物种专项救护工作的基本情况。包括救护物种、所救护数量、发现位置、救护时间、后续处理情况等基础数据（表 2-18）。

表 2-18　2016 年濒危物种专项救护情况统计表

序号	救护物种	救护数量(头)	发现位置	救护时间	后续处理情况
1	黄缘闭壳龟	1	淮河	2016-5-10	送省水野救助中心
2	大鲵	2	海河	2016-6-16	送市动物园
合计		3			

填表单位：（盖章）　　　　　填表人：　　　　联系电话：　　　　填表日期：

十、人工鱼礁（巢）/ 海洋牧场示范区建设情况统计表

该表主要反映年度该行政区域内人工鱼礁（巢）、海洋牧场及示范区建设的基本情况。包括人工鱼礁（巢）、海洋牧场及示范区名称，建设或创建地点，建

设或创建时间，覆盖水域或海域面积，建设或创建类型，建设或创建规模，资金
金额，资金来源，管理和维护单位等基础数据（表2-19）。

表2-19　2016年人工鱼礁（巢）/海洋牧场示范区建设情况统计表

序号	人工鱼礁（巢）、海洋牧场及示范区名称	建设地点	建设时间	覆盖海域（公顷）	建设类型	建设规模（空方）	资金金额（万元）	资金来源	管理维护单位
1	向家坝库区人工鱼巢试验	向家坝库区	2016-02-10	10	硬基质人工鱼礁	600.50	0.60	中央财政物种资源保护经费	水富县渔政站
2	秦皇岛市北戴河海域海洋牧场	秦皇岛市北戴河区	2016-03-09	5	资源生态保护型海洋牧场	2524	107	中央财政50万元，自筹资金57万元	秦皇岛市国家级水产种质资源保护区管理处
合计：				15		3124.5	107.6		

填表单位：（盖章）　　　　　填表人：　　　　　联系电话：　　　　　填表日期：

十一、农业资源及生态保护补助项目增殖放流情况统计表

该表主要反映年度该行政区域内农业资源及生态保护补助项目执行的基本
情况。包括淡水经济物种放流计划投入资金和计划放流数量，以及实际执行资
金和实际放流数量；海水经济物种放流计划投入资金和计划放流数量，以及实
际执行资金和实际放流数量；珍稀濒危物种放流计划投入资金和计划放流数
量，以及实际执行资金和实际放流数量等基础数据（表2-20）。

表2-20　2016年农业资源及生态保护补助项目增殖放流情况统计表

项目内容	实施方案计划放流情况		实际执行情况	
	资金规模（万元）	放流数量（万尾）	资金规模（万元）	放流数量（万尾）
淡水经济物种	700.0000	1500.0000	600.0000	1400.0000
海水经济物种	200.0000	500.0000	150.0000	400.0000
珍稀濒危物种	100.0000	10.0000	50.0000	5.0000
合计	1000.0000	2010.0000	800.0000	1805.0000

填表单位：（盖章）　　　　　填表人：　　　　　联系电话：　　　　　填表日期：

第十二节　水生生物资源养护信息采集汇总分析

汇总分析主要是基于系统汇总导出的汇总分析表，对资源养护相关工作情况进行整理汇总，重点突出在增殖放流基础数据和供苗管理方面进行深入分析，为相关工作的规范开展和持续发展提供参考。汇总分析表包括《各地区增殖放流关键数据汇总分析表》《各水域增殖放流基础数据汇总分析表》《海洋生物资源增殖放流汇总分析表》《淡水广布种增殖放流汇总分析表》《淡水区域种增殖放流汇总分析表》《珍稀濒危物种增殖放流汇总分析表》《各区域增殖放流水域面积汇总分析表》等7个汇总分析表。

一、各地区增殖放流关键数据统计表

该汇总分析表主要反映年度该行政区域及下属区域内所有放流物种类别的放流数量和放流资金的基本情况。包括区域、放流品种、放流数量、投入资金以及举办活动次数等增殖放流等的基础数据（表2-21）。可以选择放流年度、区域（全国省市县四级）、品种（淡水广布种、淡水区域种、海水物种、珍稀濒危物种、非增殖放流物种）、状态（已审核、未审核）、区域级别（一、二、三级）进行汇总。根据该汇总表可以从总体上了解和掌握各区域增殖放流的基本情况，核心点为区域、数量、资金和举办活动次数。

表 2-21　2016 年各地区增殖放流关键数据统计表

区域	放流数量（万尾）	投入资金（万元）					放流活动级别（次数）			
		中央	省级	市县	社会	合计	国家级	省级	市县级	合计
全国	2433343.00	213343.00	42434.00	23333.00	2712453.00	3	1	0	4	
北京市	0	0	0	0	0	0	0	0	0	
天津市	0	0	0	0	0	0	0	0	0	
河北省	0	0	0	0	0	0	0	0	0	
山西省	0	0	0	0	0	0	0	0	0	
内蒙古自治区	0	0	0	0	0	0	0	0	0	
辽宁省	0	0	0	0	0	0	0	0	0	
吉林省	0	0	0	0	0	0	0	0	0	

（续）

区域	放流数量（万尾）	投入资金（万元）					放流活动级别（次数）			
		中央	省级	市县	社会	合计	国家级	省级	市县级	合计
黑龙江省	0	0	0	0	0	0	0	0	0	
上海市	0	0	0	0	0	0	0	0	0	
……	0	0	0	0	0	0	0	0	0	

二、海洋生物资源增殖放流汇总分析表

该汇总分析表主要反映年度该行政区域及下属区域内各类海洋物种的放流数量和放流资金的基本情况。包括区域、放流品种、放流数量、投入资金等增殖放流等的基础数据（表2-22）。可以选择放流年度、区域（全国省市县四级）、类别（虾类、蟹类、头足类、水母类、鲆鲽类、石首鱼类、鲻鲛类、鲕鲉类、鲷科鱼类、鲀科鱼类、石斑鱼类、鲳鲹类、其他鱼类和非规划海水物种）、状态（已审核、未审核）、区域级别（一、二、三级）进行汇总。根据该汇总表可以从总体上了解和掌握各区域各种海洋物种增殖放流的基本情况，核心点为区域、海水物种、数量、资金。

表 2-22　2016 年海洋生物资源鲆鲽类增殖放流汇总分析表

区域	褐牙鲆		圆斑星鲽		钝吻黄盖鲽		半滑舌鳎	
	放流数量（万尾）	投入资金（万元）	放流数量（万尾）	投入资金（万元）	放流数量（万尾）	投入资金（万元）	放流数量（万尾）	投入资金（万元）
全国								
……								

三、淡水广布种增殖放流汇总分析表

该汇总分析表主要反映年度该行政区域及下属区域内各类淡水广布种的放流数量和放流资金的基本情况。包括区域、放流品种、放流数量、投入资金等增殖放流等的基础数据（表2-23）。可以选择放流年度、区域（全国省市县四级）、类别（鱼类、虾蟹类、其他类、非规划淡水广布种）、状态（已审核、未审核）、区域级别（一、二、三级）进行汇总。根据该汇总表可以从总体上了解和掌握各

区域各种淡水广布种增殖放流的基本情况，核心点为区域、淡水广布种、数量、资金。

表2-23 2016年淡水广布种增殖放流虾蟹类汇总分析表

区域	日本沼虾		中华绒螯蟹	
	放流数量（万尾）	投入资金（万元）	放流数量（万尾）	投入资金（万元）
全国				
北京市				
天津市				
河北省				
……				

四、淡水区域种增殖放流汇总分析表

该汇总分析表主要反映年度该行政区域及下属区域内各类淡水区域种的放流数量和放流资金的基本情况。包括区域、放流品种、放流数量、投入资金等增殖放流的基础数据（表2-24）。可以选择放流年度、区域（全国省市县四级）、类别（东北区域种、西北区域种、长江水系区域种、东南区域种、通海江河下游、云南特有鱼类、新疆特有鱼类、高原特有鱼类以及非规划淡水区域种）、状态（已审核、未审核）、区域级别（一、二、三级）进行汇总。根据该汇总表可以从总体上了解和掌握各区域各种淡水区域种增殖放流的基本情况，核心点为区域、淡水区域种、数量、资金。

表2-24 2016年淡水区域种增殖放流东北区域种汇总分析表

区域	瓦氏雅罗鱼		滩头雅罗鱼		珠星雅罗鱼		怀头鲇		江鳕		大麻哈鱼		乌苏里拟鲿		黑斑狗鱼	
	放流数量（万尾）	投入资金（万元）	放流数量（万尾）	投入资金（万元）	放流数量（万尾）	投入资金（万元）	放流数量（万尾）	投入资金（万元）	放流数量（万尾）	投入资金（万元）	放流数量（万尾）	投入资金（万元）	放流数量（万尾）	投入资金（万元）	放流数量（万尾）	投入资金（万元）
全国																
北京市																

（续）

区域	瓦氏雅罗鱼		滩头雅罗鱼		珠星雅罗鱼		怀头鲇		江鳕		大麻哈鱼		乌苏里拟鲿		黑斑狗鱼	
	放流数量（万尾）	投入资金（万元）	放流数量（万尾）	投入资金（万元）	放流数量（万尾）	投入资金（万元）	放流数量（万尾）	投入资金（万元）	放流数量（万尾）	投入资金（万元）	放流数量（万尾）	投入资金（万元）	放流数量（万尾）	投入资金（万元）	放流数量（万尾）	投入资金（万元）
天津市																
河北省																
……																

五、珍稀濒危水生野生动物增殖放流汇总分析表

该汇总分析表主要反映年度该行政区域及下属区域内各类珍稀濒危水生野生动物的放流数量和放流资金的基本情况。包括区域、放流品种、放流数量、投入资金等增殖放流等的基础数据（表2-25）。可以选择放流年度、区域（全国省市县四级）、类别（鲟科鱼类、鲤科鱼类、裂腹鱼类、鲇鳅鱼类、鲑鳟鱼类、其他鱼类、贝类、两栖爬行类、其他类和非规划珍稀濒危物种）、状态（已审核、未审核）、区域级别（一、二、三级）进行汇总。根据该汇总表可以从总体上了解和掌握各区域各种淡水区域种增殖放流的基本情况，核心点为区域、珍稀濒危水生野生动物、数量、资金。

表2-25 2016年珍稀濒危水生野生动物增殖放流鲇鳅鱼类汇总分析表

区域	长薄鳅		拟鲇高原鳅		黑斑原鮡		巨魾		斑鳠	
	放流数量（万尾）	投入资金（万元）	放流数量（万尾）	投入资金（万元）	放流数量（万尾）	投入资金（万元）	放流数量（万尾）	投入资金（万元）	放流数量（万尾）	投入资金（万元）
全国										
北京市										
天津市										
河北省										
……										

六、各水域增殖放流基础数据统计表

该汇总分析表主要反映年度各水域开展增殖放流活动的基本情况。包括放流地点、放流时间、放流品种、放流数量、放流规格、投入资金、活动组织单位、活动级别、供苗单位等基础数据（表2-26）。可以选择放流年度、所属片区（东北区、华北区、长江中下游区、东南区、西南区、西北区、渤海、黄海、东海和南海）、地点类型（重要江河、重要湖泊、重要水库、重要海域、其他海域以及内陆其他水域）、所属水域（全国内陆水域35个流域82个水系，沿岸和近海海域16个海区，共118个水域划分单元）、具体水域、状态（已审核、未审核）进行汇总。根据该汇总表可以从总体上了解和掌握各水域开展增殖放流活动的基本情况，核心点为水域、所属水域划分、放流品种、数量、活动组织单位。

表 2-26 2016 年各水域增殖放流基础数据统计

放流地点	放流时间	放流品种	放流数量（万尾）	放流规格（厘米）	放流资金（万元）	放流活动组织单位	放流活动级别	供苗单位
淮河干流河南段	2016-8-17	黄缘闭壳龟	0.20	5	30.00	信阳市水产局	省级	信阳市鱼类救护中心
千岛湖	2016-8-9	鲢	12.00	121 212	1 466 666.00	浙江省海洋与渔业局	国家级	浙江省海洋与渔业局
北麂列岛海域	2016-9-6	曼氏无针乌贼	112.00	12 212	1 245 757.00	温州市海洋与渔业局	国家级	嵊泗县海盛养殖投资公司

七、各区域增殖放流水域面积汇总分析表

该汇总分析表主要反映年度各区域规范增殖放流水域的基本情况。包括区域、规划水域、水域面积等基础数据（表2-27）。可以选择以选择区域（全国省市县四级）、地点类型（重要江河、重要湖泊、重要水库、重要海域、其他海域以及内陆其他水域）进行汇总。根据该汇总表可以从总体上了解和掌握各区域规划增殖放流水域的基本情况，核心点为区域、规划水域、水域面积。

表 2-27　河南省信阳市各区域增殖放流水域面积汇总分析表

区域	规划水域名称	包括的重要规划水域面积（千米²）或重要规划河流长度（千米）
信阳市	淮河干流河南段、颖河干流河南段、南湾水库、鲇鱼山水库、白龟山水库、铁福寺水库	417+418+46+51+44+23
商城县	淮河干流河南段、鲇鱼山水库	417+51
市本级	淮河干流河南段、颖河干流河南段、南湾水库、鲇鱼山水库、白龟山水库、铁福寺水库	417+418+46+51+44+23
……		

第三章

水生生物增殖放流供苗单位信息采集指标体系

第一节　总体设计思路

建立水生生物增殖放流供苗单位信息采集指标体系的主要目的是方便各级渔业管理部门开展供苗单位管理，掌握供苗单位的基本情况。供苗单位信息采集方法包括两种：一种是按照资源养护信息采集方式，填写供苗单位的重要信息，通过基础报表报送。这种方式方便对供苗单位的简单信息进行采集，但不利于系统性跟踪了解供苗单位情况。二是通过先行建立供苗单位数据库，然后在增殖放流基础数据填表过程中遴选供苗单位后系统自动上报的方式采集供苗单位信息。这种方式会增加基层单位前期工作量，但可以系统性跟踪了解供苗单位情况。本系统采用是第二种方法。

一、增殖放流供苗单位的定义

增殖放流供苗单位指的是承担增殖放流苗种供应任务的苗种生产单位，包括各级财政和社会资金支持的增殖放流工作，供应的苗种不仅限于经济物种，还包括珍稀濒危物种。中央财政增殖放流供苗单位特指的是承担中央财政增殖放流项目苗种供应任务的苗种生产单位。

二、年度中央财政增殖放流供苗单位的上报

按照农业部文件要求（农办渔〔2014〕55号和农办渔〔2015〕52号），每年度各级渔业主管部门需要上报中央财政增殖放流供苗单位进行备案。上报方式是系统自动汇总生成，不需要人为进行填写或遴选上报。具体程序如下：各级渔业主管部门通过新增方式建立供苗单位数据库。报表填报单位在录入年度中央财政增殖放流基础数据时，如选择某一供苗单位，则此供苗单位系统将其默认成为年度中央财政增殖放流供苗单位，并自动汇总到《中央财政增殖放流供苗单位列表》和《中央财政增殖放流供苗单位汇总表》。

三、信息采集方法

（一）建立所在行政区域的增殖放流供苗单位数据库

考虑到供苗单位的基础条件及渔业主管部门管理水平不同，系统设计了两种增殖放流供苗单位信息采集方式。一种由供苗单位网上自行填写，再由渔业行政主管部门审核后上报；一种由渔业部门（包括各级渔业管理用户和基层填报用

户）根据供苗单位报送的纸质材料自行填写后上报。具体流程见图3-1（彩图5）。

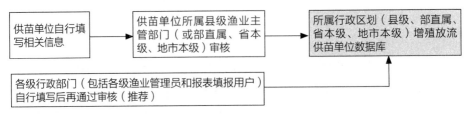

图3-1　所在行政区域的增殖放流供苗单位数据库建立程序

县级渔业主管部门可以采集县级行政区划范围内承担所有增殖放流项目的供苗单位。其采集过程可由供苗单位网上自行填写相关信息，再由县级渔业主管部门审核即可，还可以由县级渔业主管部门根据供苗单位报送的纸质材料自行填写进行信息采集。供苗单位所属行政区划必须是报表填报单位（基层填报单位）所属行政区划，可以是县级单位，也可以是部直属单位、省本级、地市本级。

（二）中央财政增殖放流供苗单位采集

在采集到承担增殖放流项目供苗单位的基础上，报表填报用户通过在水生生物增殖放流基础数据统计表中资金来源-中央投资栏填写大于0的金额，则此次增殖放流活动所填写的供苗单位即为中央财政增殖放流供苗单位，相关供苗单位信息将自动汇总至中央财政增殖放流供苗单位列表。需要注意的是：中央财政增殖放流供苗单位列表只汇总归属地在本辖区内的供苗单位，与供苗单位提供苗种放流的水域以及放流活动的填报区划无关，见图3-2（彩图6）。

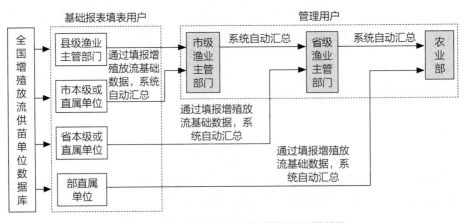

图3-2　中央财政增殖放流供苗单位信息采集流程

四、采集指标体系

增殖放流供苗单位信息采集指标体系包括单位基本信息、单位其他信息、增殖放流苗种亲本情况、增殖放流苗种供应能力情况及承担增殖放流任务情况等5部分。指标体系基本涵盖了增殖放流供苗单位资质的基本条件，可以客观评价和分析供苗单位相关能力和资质。

第二节　供苗单位基本信息指标体系

一、指标体系介绍

单位基本信息主要反映供苗单位的基本情况。采集指标包括单位名称、从业起始时间、单位所在地、苗种繁育基地地址、职工人数、水产苗种生产许可证编号、联系人、手机号码、联系电话、电子邮件、单位类型、单位资质、供苗种类13项指标（表3-1）。每个填报项目的具体填报字符相关规则见附件《资源养护信息采集系统数据填报字数限制及要求》。注：表3-1中的用户名和登录密码填报项目供报表填报用户通过新增方式录入供苗单位信息时使用，如果是供苗单位通过注册登录填写，则在注册时已填写这两项，进入系统后再填写供苗单位基本信息时则不必再填写。

表 3-1　供苗单位基本信息填报表

用户名				
登录密码			确认密码	
单位所在地 *	全国　▼　全省　▼　　▼			
单位名称 *			从业起始时间 *	
苗种繁育基地地址：	县（区）　　乡镇（街道）　　村（社区）			
职工人数			水产苗种生产许可证编号	
联系人 *			手机号码 *	
联系电话（固话）*			电子邮件	

（续）

单位类型	○ 事业单位　　　　上级主管部门：	
	○ 企业　工商行政管理部门登记注册类型：	
	○ 其他　　　　具体组织形式：	
单位资质	◉国家级 ○ 省级 ○ 市级 清除	水产原种场：
	◉国家级 ○ 省级 ○ 市级 清除	水产良种场：
	☐　省级渔业资源增殖站 ☐　珍稀濒危水生动物增殖放流苗种供应单位	
	其他资质：	
供苗种类	淡水广布种 ▾　　鱼类 ▾	苗种供应最多只能选择 20 个品种
	鲢 鳙 细鳞鲴 黄尾鲴	添 加 > << 取 消

二、各项指标填报要求

（一）用户名

1. 填报方法　自行填写。

2. 填报内容　填写供苗单位登录系统的用户名。建议用供苗单位名称，如果名称太普通，可能会与其他供苗单位的设置的用户名重复导致无法保存。用该用户名和密码可以在系统首页通过供苗单位登录入口进入系统。该项为必须填写项，如不填写，系统将提示用户名重复而不能保存。

（二）登录密码

1. 填报方法　自行填写。

2. 填报内容　设置一个方便记住的密码。如果忘记了要通过供苗单位填写的"单位所在地"的渔业管理部门账号进入"供苗单位信息"栏目的"供苗单位管理"选项中选择相应的供苗单位重置密码。

（三）单位名称

1. 填报方法　自行填写。

2. 填报内容　填写营业执照或法人证书上注明的单位名称。如果在保存时系统提示单位名称重复，则表示系统中该供苗单位信息可能已填写。

（四）从业起始时间

1．填报方法　自行填写。

2．填报内容　填写单位从事水产苗种繁育生产起始时间。

（五）单位所在地

1．填报方法　从下拉列框中选择。

2．填报内容　根据营业执照或法人证书上注明的单位地址，在下拉列框中选择，要求必须精确到县级，否则数据不能正常显示和汇总统计。注意：供苗单位为部（省、地市）直属单位所属供苗单位，填写该信息时要选择相应的部（省、地市）直属单位。

（六）苗种繁育基地地址

1．填报方法　自行填写。

2．填报内容　填写从事苗种繁育生产的实际地点，要求精确到村级（社区）。

（七）职工人数

1．填报方法　自行填写。

2．填报内容　填写单位固定员工或长期雇工（半年以上）人数，短期雇佣人员不列入其中。

（八）水产苗种生产许可证编号

1．填报方法　自行填写。

2．填报内容　填写水产苗种生产许可证编号，如果没有苗种生产许可证或正在办理之中，如实填写相关情况即可。

（九）联系人

1．填报方法　自行填写。

2．填报内容　填写单位负责填报增殖放流供苗单位信息的工作人员。

（十）手机号码

1．填报方法　自行填写。

2．填报内容　填写联系人的手机号码。

（十一）联系电话

1．填报方法　自行填写。

2．填报内容　填写单位的对外联系电话。

（十二）电子邮件

1．填报方法　自行填写。

2. **填报内容** 填写单位的对外联系邮箱。

（十三）单位类型

1. **填报方法** 自行选择其中一种类型后再填写具体名称。

2. **填报内容** 如果选择事业单位，需要填写上级主管部门名称。如果选择企业，需要填写企业在工商行政部门注册登记类型，如有限责任公司、股份有限公司、个人经营等。如果选择其他，需要注明具体组织形式，如农民专业合作组织、家庭农场等。

（十四）单位资质

1. **填报方法** 自行选择类型后再填写具体名称。

2. **填报内容** "单位资质"一栏，可以多选，也可以单选。如果选择原良种场，需填写具体水产原良种名称。如省级水产原种场：丹江口翘嘴鲌鱼原种场；市级水产良种场：长沙市鲌鱼良种场。如果属于省级渔业资源增殖站或珍稀濒危水生动物增殖放流苗种供应单位，需要在对应的方框内进行勾选。"其他资质"一栏填写可衡量供苗单位相应技术水平和硬件条件等相关的其他资质，例如，全国现代渔业种业示范场，省级科技成果示范基地，国家（虾、贝类、罗非鱼、大宗淡水鱼、鲽鲆）产业技术体系综合试验站，省级及以上农业产业化龙头企业等。如果误选了国家级、省级、市级水产良种场和原种场，可以点击"清除"，取消选择。

（十五）供苗种类

1. **填报方法** 从下拉框中选择后添加，最多可添加20种。具体填报物种选择请参考系统首页基础数据库《水生生物资源数据库》。

2. **填报内容** 填报的种类源于《水生生物资源数据库》。供苗种类最多只能选择20个品种。该数据库中的种类包括《农业部关于做好"十三五"水生生物增殖放流工作的指导意见》规划的230种适宜放流的物种，以及其他非规划物种（包括非规划淡水广布种、非规划淡水区域种、非规划海水物种以及非规划珍稀濒危物种）。

第三节　供苗单位其他信息指标体系

一、指标体系介绍

　　单位其他信息主要反映供苗单位的生产设施、技术保障、管理水平等基本情况。采集指标包括主要育苗方式、场区总面积、室外池塘面积、室内培育设施面积、技术依托单位、技术研发创新成果、近3年苗种药残抽检结果、近3年苗种动物检疫结果、开展相关记录情况等9项指标（表3-2）。每个填报项目的具体填报字符相关规则见附件《资源养护信息采集系统数据填报字数限制及要求》。

表3-2　供苗单位其他信息填报表

生产设施	主要育苗方式	☑ 工厂化 ☐ 室外池塘 ☐ 网箱 ☐ 海洋滩涂 ☐ 筏式或吊笼 ☐ 其他		
	场区总面积	［　　　　　］亩	室外池塘面积	［　　　　　］亩
	室内培育设施面积	［　　　　　］米²		
技术保障	技术依托单位	［　　　　　］		
	技术研发创新成果	［　　　　　］		
管理水平	近3年苗种药残抽检结果	［　　　　　］	近3年水生动物检疫结果	［　　　　　］
	开展相关记录情况	☐ 引种记录 ☐ 保种记录 ☑ 生产记录 ☑ 用药记录 ☐ 销售记录 ☐ 其他		

二、各项指标填报要求

　　（一）主要育苗方式

　　1. 填报方法　在相关选项前打勾，可以多选和单选。

　　2. 填报内容　包括工厂化、室外池塘、网箱、海洋滩涂、筏式或吊笼以及其他育苗方式。

（二）场区总面积

1．填报方法　自行填写。

2．填报内容　填写供苗单位场区总占地面积。

（三）室外池塘面积

1．填报方法　自行填写。

2．填报内容　填写供苗单位室外养殖池塘总面积。

（四）室内培育设施面积

1．填报方法　自行填写。

2．填报内容　填写供苗单位室内苗种繁育设施总面积。

（五）技术依托单位

1．填报方法　自行填写。

2．填报内容　填写供苗单位开展苗种繁育相关工作的技术依托单位，应具备长期或短期的正式合作协议。

（六）技术研发创新成果

1．填报方法　自行填写。

2．填报内容　填写企业在资源养护、水产养殖、苗种繁育、病害防治等方面取得的比较先进或者特有的科技成果。

（七）近3年苗种药残抽检结果

1．填报方法　自行填写。

2．填报内容　如实填写供苗单位前年、去年和今年3年的苗种药残抽检结果。

（八）近3年苗种动物检疫结果

1．填报方法　自行填写。

2．填报内容　如实填写供苗单位前年、去年和今年3年的苗种动物检疫结果。

（九）开展相关记录情况

1．填报方法　在相关选项前打勾，可以多选和单选。

2．填报内容　填写供苗单位开展引种、保种、生产、用药、销售等相关记录情况。

第四节 供苗单位增殖放流苗种亲本情况指标体系

一、指标体系介绍

增殖放流苗种亲本情况主要反映供苗单位所有供苗种类的亲本相关情况，需要各个供苗种类逐项填写。采集指标包括亲本种类、亲本来源、总数量、当年可繁殖亲本数量、平均繁殖量等5项指标（表3-3）。每个填报项目的具体填报字符相关规则见附件《资源养护信息采集系统数据填报字数限制及要求》。

表3-3 供苗单位增殖放流苗种亲本情况填报表

亲本种类	——中 国 对 虾▼		
亲本来源	☑ 原产地天然水域 ☐ 省级以上原良种场 ☐ 其他苗种场提供 ☐ 其他		
总数量	100		
当年可繁殖亲本数量	100		
平均繁殖量	2 000 000 （尾／只）		

二、各项指标填报要求

（一）亲本种类

1. 填报方法 从下拉列框中选择。

2. 填报内容 亲本种类只能在单位基本信息中已填写的供苗种类中选择。

（二）亲本来源

1. 填报方法 在相关选项前打勾，可以多选和单选。

2. 填报内容 包括原产地天然水域、省级以上原良种场、其他苗种场提供，以及其他等不同来源方式。

（三）总数量

1. 填报方法 自行填写，单位为尾（只、个）。

2. 填报内容 填写供应苗种亲本的总数量。

（四）当年可繁殖亲本数量

1. 填报方法 自行填写，单位为尾（只、个）。

2. 填报内容　填写当年可用于繁殖的亲本数量。

（五）平均繁殖量

1. 填报方法　自行填写，单位为粒（只、个）。

2. 填报内容　填写近3年内亲本的平均繁殖量。

第五节　供苗单位增殖放流苗种供应能力情况指标体系

一、指标体系介绍

增殖放流苗种供应能力情况主要反映供苗单位供应相关苗种的能力情况，需要各个供苗种类逐项填写。采集指标包括苗种种类、苗种来源、苗种规格、苗种成本价格、苗种年供应能力5项指标（表3-4）。每个填报项目的具体填报字符相关规则见附件《资源养护信息采集系统数据填报字数限制及要求》。

表3-4　供苗单位增殖放流苗种供应能力情况填报表

选择供苗年份	2016年 ▼			
苗种种类	——褐牙鲆 ▼			
苗种来源	☑ 自有亲本繁育	□ 其他苗种场提供	□ 天然资源捕捞	□ 其他
苗种规格	5 （厘米）			
苗种成本价格	9 000.00 （元 / 万尾）			
苗种年供应能力	300.00 （万尾）			

二、各项指标填报要求

（一）苗种种类

1. 填报方法　从下拉列框中选择。

2. 填报内容　苗种种类只能在单位基本信息中已填写的供苗种类中选择。

（二）苗种来源

1. 填报方法　在相关选项前打勾，可以多选和单选。

2．填报内容　包括自有亲本繁育、其他苗种场提供、天然资源捕捞，以及其他等不同来源方式。

（三）苗种规格

1．填报方法　自行填写，单位为厘米。

2．填报内容　填写苗种的平均规格。不同种类填写要求统一如下：鱼类、虾类统一填写体长，贝类统一填写壳长，螺类统一填写壳高，蟹类统一填写头胸甲宽或者变态发育时期，海蜇统一填写伞经，头足类统一填写胴长或受精卵，龟鳖类填写背甲长。受精卵填写卵径。如果可以提供多种规格，填写供应苗种的主要规格。

（四）苗种成本价格

1．填报方法　自行填写，单位为元/万尾。

2．填报内容　填写供苗单位苗种生产的成本价格，非苗种的商品价格。

（五）苗种年供应能力

1．填报方法　自行填写，单位为万尾。

2．填报内容　填写每年生产的苗种中能够提供增殖放流的数量，应小于等于苗种年生产能力。

第六节　供苗单位承担增殖放流任务情况指标体系

一、指标体系介绍

承担增殖放流任务情况主要反映供苗单位承担年度增殖放流任务的相关情况，需要按种类逐次填写承担增殖放流任务的情况。供苗单位承担的增殖放流任务包括各种资金来源的增殖放流任务，不限于中央财政项目。如果年度已完成放流任务，填写实际放流情况，如果当年还未开展放流，填写下一年度增殖放流计划。单次承担的增殖放流任务采集指标包括苗种种类、放流水域、所属水域划分、放流时间、放流数量、放流规格、放流单价、增殖放流活动组织单位8项指标（表3-5）。如果一个品种参与了多项增殖放流任务，应依次分别填写；如果一个品种一次增殖放流任务有多种规格放流，可分不同规格进行填写。每个填报项目的具体填报字符相关规则见附件《资源养护信息采集系统数据填报字数限制及要求》。

表3-5 供苗单位承担增殖放流任务情况填报表

任务年度	2016年 ▼
苗种种类	——褐牙鲆 ▼
放流水域	烟台市长岛县庙岛海域
所属水域划分	山东半岛北部海区 ▼
放流时间	2016-06-14
放流数量	21.89 （万尾）
放流规格	5.00 （厘米）
放流单价	10 000.00 （元/万尾）
增殖放流活动组织单位	中国水产科学研究院

二、各项指标填报要求

（一）苗种种类

1. 填报方法 从下拉列框中选择。

2. 填报内容 苗种种类只能在单位基本信息中已填写的供苗种类中选择。

（二）放流水域

1. 填报方法 自行填写。

2. 填报内容 填写增殖放流苗种具体的放流地点。填写标准格式如下：县级以上行政区划+放流规划重要水域或其他水域名称+具体码头（港口）、江（河）段、海域（增殖区、海洋牧场）等。例如，①放流江河水域，放流地点：荆州地区监利县+长江+二头矶江段；②放流湖泊水域，放流地点：苏州市吴中区+太湖+陆巷码头；③放流水库水域，放流地点：广元市苍溪县+亭子口水库+虎跳镇码头；④放流海洋水域，放流地点：汕头市南澳县+南澳岛海域+勒门列岛近海，潍坊市昌邑市+莱州湾+下营近海。

（三）所属水域划分

1. 填报方法 从下拉列框中的102个流域水系和16个海区中选择。

2. 填报内容 放流水域按照系统首页基础数据库《增殖放流水域划分数据库》划分范围确定相应所属流域水系和海区。如果不能确定，从下拉列框中选择

"不能确定"。

（四）放流时间

1. 填报方法　从下拉框中选择时间。

2. 填报内容　填写具体放流时间，要求精确到天。

（五）放流数量

1. 填报方法　自行填写，单位为万尾。

2. 填报内容　填写放流苗种的数量。

（六）放流规格

1. 填报方法　自行填写，单位为厘米。

2. 填报内容　放流苗种的平均规格。如果规格相差较大，分两次填写。鱼类、虾类统一填写全长，贝类统一填写壳长，螺类统一填写壳高，蟹类统一填写头胸甲宽或者变态发育时期，海蜇统一填写伞经，头足类统一填写胴长或受精卵，龟鳖类填写背甲长。受精卵填写卵径。

（七）放流单价

1. 填报方法　自行填写，单位为元/万尾。

2. 填报内容　填写放流苗种的平均单价。可用放流苗种的总价除以放流数量即可得到。

（八）增殖放流活动组织单位

1. 填报方法　自行填写。

2. 填报内容　填写增殖放流活动的组织单位，如有多个单位参与，填写主要组织单位。

第七节　中央财政增殖放流供苗单位信息采集报表制度（汇总导出）

报表制度是通过报表来体现采集指标。本系统汇总导出的报表与农业部渔业渔政管理局要求报送的《年度中央财政增殖放流苗种生产单位信息登记表》和《年度中央财政增殖放流供苗单位汇总表》表格内容基本一致，各地可以将汇总导出的报表盖章后以正式文件形式报送部局。

一、中央财政增殖放流供苗单位列表

该表主要反映年度中央财政增殖放流供苗单位参与增殖放流的情况。包括所属行政区划、单位名称、放流地点、放流时间、放流品种、放流数量、放流资金和中央投资金额等基础数据（表3-6）。可以选择供苗单位所属区域、年度进行汇总。这些关键数据反映了中央财政增殖放流供苗单位参与增殖放流的情况，供相关行政主管部门备案和参考。注意：表格中的所属行政区划仅指放流活动填报区划，并不是指供苗单位所属区划。放流数量指总的放流数量，而不仅是使用中央财政资金放流的数量。

表3-6 中央财政增殖放流供苗单位列表

序号	所属行政区划	单位名称	放流地点	放流时间	放流品种	放流数量（万尾）	放流资金（万元）	中央投资金额（万元）
1	河北省–承德市–市本级	河北联中水产养殖有限公司	潘大水库	2018-4-10	池沼公鱼	333.33	10.00	10.00
2	江苏省–滆湖渔业管委会	常州市芙蓉特种水产养殖场	滆湖	2018-6-19	鲢	2024.00	160.00	80.00
				2018-6-18	鲢	2025.00	80.00	80.00
		常州市技丰水产良种繁育场	滆湖	2018-6-18	鳙	2025.00	80.00	80.00
				2018-6-19	鳙	2024.00	160.00	80.00
3	江西省–赣州市–兴国县	兴国红鲤良种场	赣江	2018-6-6	兴国红鲤	500.00	22.00	20.00

二、年度中央财政增殖放流苗种生产单位信息登记表

该表主要反映年度中央财政增殖放流苗种生产单位的基本情况。包括《单位基本信息表》《单位其他信息表》《增殖放流苗种亲本情况表》《增殖放流苗种供应能力情况表》《承担增殖放流苗种任务情况表》5个统计分表（表3-7至表3-11）。这5个统计表反映了年度供苗单位基本情况，可以客观评价和分析供苗单位相关能力和资质，供相关行政主管部门备案和参考。

表 3-7　供苗单位基本信息

单位所在地	河南省 – 信阳市 – 商城县		
单位名称	商城县四大家鱼原种场	从业起始时间	1992
苗种繁育基地地址	商城 县（区）城关镇乡镇（街道）二头村（社区）		
职工人数	212	水产苗种生产许可证编号	豫信商第 007 号
联系人	李忠	手机号码	13693227400
联系电话（固话）	0579–87555386	电子邮件	437291547@qq.com
单位类型	企业 工商行政管理部门登记注册类型：有限责任公司（自然人独资）		
单位资质	省级 水产原种场：河南省商城县四大家鱼原种场		
	省级 水产良种场：河南省翘嘴红鲌良种场		
	珍稀濒危水生动物增殖放流苗种供应单位		
	其他资质		
供苗情况	鳙、细鳞鲴、黄尾鲴、草鱼、青鱼、鳊、赤眼鳟、施氏鲟		

表 3-8　供苗单位其他信息

生产设施	主要育苗方式	工厂化		
	场区总面积	67 亩	室外池塘面积	34 亩
	室内培育设施面积	245 米 ^{2}		
技术保障	技术依托单位	全国水产技术推广总站		
	技术研发创新成果	2013 年获得山东省科学技术进步一等奖：栉孔扇贝人工繁育技术研究及应用		
管理水平	近 3 年苗种药残抽检结果	合格	近 3 年水生动物检疫结果	合格
	开展相关记录情况	引种记录，保种记录，生产记录，用药记录，销售记录，其他		

表 3-9　增殖放流苗种亲本情况

序号	亲本种类	亲本来源	总数量	当年可繁殖亲本数量	平均繁殖量（尾／只）
1	细鳞鲴	原产地天然水域	1 111	11	1 111
2	黄尾鲴	原产地天然水域	11	111	1 111

表 3-10　增殖放流苗种供应能力情况

序号	苗种种类	苗种来源	苗种规格（厘米）	苗种成本价格（元）	苗种年供应能力（万尾）
1	鳙	自有亲本繁育	4	0.3	20 000
2	鲢	自有亲本繁育	3	0.2	3 400

表 3-11　承担增殖放流任务情况

序号	放流水域	所属水域划分	放流时间	放流品种	放流数量（万尾）	放流规格（厘米）	放流单价（元/万尾）	增殖放流活动组织单位
1	镜泊湖	黑龙江流域乌苏里江水系	2016-06-24	鳙	1 212.00	3.00	2 300	黑龙江省渔政局

三、年度中央财政增殖放流供苗单位汇总表

该表主要反映年度中央财政增殖放流供苗单位的关键情况。包括所属行政区划、单位名称、从业起始时间、职工人数、场区总面积、苗种和亲本情况、增殖放流放流数量、联系人、手机号码等基础数据（表3-12）。可以选择所属区域、供苗单位资质、苗种类别、苗种种类、所属年份进行汇总。这些关键数据反映了年度供苗单位的重要情况，可以基本掌握供苗单位相关能力和资质，供相关行政主管部门参考和分析。

表 3-12　年度苗种供应单位情况汇总

序号	行政区划	单位名称	从业起始时间	职工人数	资质	场区总面积	详细信息							联系人	手机号码
							苗种类别	供苗种类	苗种供应规格（厘米）	苗种年供应能力（万尾）	苗种来源	亲本来源	亲本总数量	本年度开展增殖放流数量（万尾）		
1	河南省信阳市商城县	商城县四大家鱼原种场	1992	212	省级，珍稀濒危水生动物增殖放流苗种供应单位	67	鱼类	鳙	133	23 131.00	自有亲本繁育	原产地天然水域	111	1 212.00	柳大华	13543223400
							苗种类别	供苗种类	苗种供应规格（厘米）	苗种年供应能力（万尾）	苗种来源	亲本来源	亲本总数量	本年度开展增殖放流数量（万尾）		
7	北京市-朝阳区	北京万泉渔业有限公司	1992	12	市级	23	鱼类	鲢	11	2 121.00	其他苗种场提供	原产地天然水域	23	2 444.00	徐崇芬	13543223400
							鱼类	鳙	12	21 212.00	其他苗种场提供	原产地天然水域	2323	33.00		
							鱼类	细鳞鲴	21 212	12 212.00	其他	原产地天然水域	2323	111.00		

填表单位：（盖章）　　　　填表人：　　　　联系电话：　　　　填表日期：

第八节　增殖放流供苗单位信息采集汇总分析

汇总分析主要是基于系统汇总导出的汇总分析表，对供苗单位的相关工作情况进行整理汇总，重点突出在供苗管理方面进行深入分析，为相关工作的规范管理和科学开展提供参考，进一步强化增殖放流源头管理。汇总分析表包括《增殖放流供苗单位各品种亲本情况汇总分析表》《增殖放流供苗单位各品种供苗能力汇总分析表》2个汇总分析表。

一、增殖放流供苗单位各品种亲本情况汇总分析表

该汇总分析表主要反映供苗单位各品种亲本的基本情况。包括亲本类别、亲本种类、供苗单位名称、所属行政区划、亲本来源、总数量、当年可繁殖亲本数量、平均繁殖量等的基础数据（表3-13）。可以选择以行政区域（中央省市县四级）、苗种类别（包括第一级5类，第二级44类，苗种种类240种以上）进行汇总。根据该汇总表可以了解和掌握各区域各种苗种亲本的基本情况，进而测算各品种增殖放流苗种供应能力，核心点为区域、苗种种类、亲本来源、亲本总数量。

表3-13　增殖放流供苗单位各品种亲本情况汇总分析表

序号	亲本类别	亲本种类	供苗单位名称	行政区划	亲本来源	总数量（尾）	当年可繁殖亲本数量（尾）	平均繁殖量（尾/只）
1	海水物种	中国对虾	唐山滦丰养殖有限公司	河北省－唐山市－滦南县	原产地天然水域，省级以上原良种场	1 000	500	200 000
2	海水物种	日本对虾	唐山滦丰养殖有限公司	河北省－唐山市－滦南县	其他苗种场提供	1 000	5 000	150 000
3	海水物种	三疣梭子蟹	唐山滦丰养殖有限公司	河北省－唐山市－滦南县	原产地天然水域	500	200	50 000
4	海水物种	海蜇	唐山滦丰养殖有限公司	河北省－唐山市－滦南县	原产地天然水域	400	200	20 000
5	海水物种	褐牙鲆	唐山滦丰养殖有限公司	河北省－唐山市－滦南县	原产地天然水域，省级以上原良种场	50	40	20 000
6	海水物种	半滑舌鳎	唐山滦丰养殖有限公司	河北省－唐山市－滦南县	原产地天然水域	50	40	10 000

二、增殖放流供苗单位各品种供苗能力汇总分析表

该汇总分析表主要反映供苗单位各品种供苗能力的基本情况。包括苗种类别、供苗种类、供苗单位名称、所属行政区划、苗种来源、苗种规格、苗种成本、苗种年供应能力等的基础数据（表3-14）。可以选择以选择区域（全国省市县四级）、苗种类别（包括第一级5类，第二级44类）、苗种种类（240种以上）进行汇总。根据该汇总表可以了解和掌握各区域各种苗种供苗能力的基本情况，进而测算各品种增殖放流潜力，核心点为区域、苗种种类、苗种来源、苗种年供应能力。

表 3-14　增殖放流供苗单位各品种供苗能力汇总分析表

序号	苗种类别	供应苗种种类	供苗单位名称	行政区划	苗种来源	苗种规格（厘米）	苗种成本价格（元）	苗种年供应能力（万尾）
1	淡水广布种	鳙	商城县四大家鱼原种场	河南省–信阳市–商城县	自有亲本繁育	133	1 213.00	23 131.00
2	淡水广布种	鳙	全国水产技术推广总站	北京市–朝阳区	自有亲本繁育	111	22.00	222.00
3	淡水广布种	黄尾鲴	上海市水产技术推广站	上海市–杨浦区	其他苗种场提供	3	3.00	23.00

第四章

水生生物资源养护专家信息采集指标体系

第一节　总体设计思路

建立水生生物资源养护专家信息库主要目的是收集和掌握资源养护相关方面的专家信息，有效整合国内相关人力和资源，健全完善资源养护专家咨询体系，为开展资源养护工作提供基础支撑，同时引导科研、推广、教学、社会团体组织力量关注资源养护工作，积极参与资源养护活动，扩大资源养护工作的社会影响。建立该体系的主要目的是方便各级渔业管理部门开展资源养护专家管理，掌握专家的基本情况。

一、资源养护专家的定义

资源养护专家是指水生生物增殖放流、保护区建设、海洋牧场建设、水生野生动物保护、水域环境影响评价、外来物种监管、水域污染、生态灾害防控等领域的专家，包括科研、推广、教学、企业、社会团体组织（资源养护相关协会，重要的资源养护活动实施单位等）的相关人员。不仅包括科研领域的研究型专家，还包括行政部门的管理型专家，项目实施单位的技术性专家。

二、资源养护专家的推荐和审核

为推进资源养护工作的深入持续开展，强化资源养护工作技术支撑，农业部将尽快建立完善水生生物资源养护专家信息库。资源养护专家由省级渔业行政主管部门和部直属单位进行推荐，农业部进行汇总审核。通过农业部认定的专家即为部级认定专家，通过省级渔业行政主管部门和部直属单位认定的专家即为省级认定专家，通过认定的专家可以参与农业部或省级渔业行政主管部门开展的资源养护相关工作。

三、信息采集方法

（一）建立所在行政区域的资源养护专家信息库

由于不同单位的专家情况及渔业行政主管部门管理水平不同，系统设计了两种资源养护专家信息采集方式。一种由专家网上自行填写，再由渔业行政主管部门审核后上报；一种由省级渔业行政主管部门和部直属单位根据专家报送的纸质材料自行填写后上报。具体流程见图4-1。

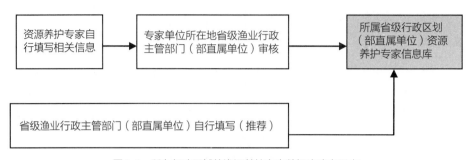

图4-1 所在行政区域的资源养护专家数据库建立程序

（二）选择推荐资源养护专家并上报

在采集到所属省级行政区划（部直属单位）资源养护专家信息的基础上，省级渔业主管部门（部直属单位）遴选专家并上报农业部。农业部对省级渔业主管部门（部直属单位）遴选上报的专家进行审核，符合相应条件的通过认定即成为部级认定专家。具体流程见图4-2（彩图7）。需要注意的是：省级渔业主管部门（部直属单位）可以选择本行政区域和全国其他行政区域内的资源养护专家进行保存和上报，即可在全国所有行政区域内选择专家，以遴选出高水平的专家。

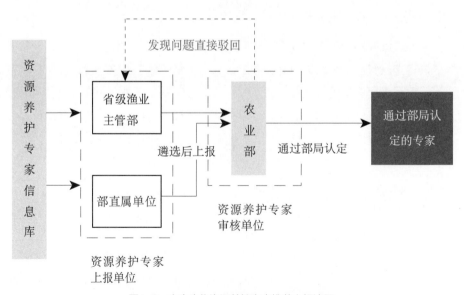

图4-2 水生生物资源养护专家推荐上报流程

四、采集指标体系

增殖放流供苗单位信息采集指标体系包括专家基本信息、学习工作经历信息、工作领域信息、联系信息及相关管理信息5部分。指标体系基本涵盖了资源养护专家的基本情况，可以客观评价和分析资源养护专家相关能力和专长。

第二节　资源养护专家基本信息指标体系

一、指标体系介绍

资源养护专家基本信息主要反映专家的基本情况。采集指标包括专家姓名、性别、出生年月、工作单位、单位所在地、单位性质、单位所属系统、所在部门、职务、职称、主要社会兼职、照片12项指标（表4-1）。每个填报项目的具体填报字符相关规则见附件《资源养护信息采集系统数据填报字数限制及要求》。注：表4-1中的用户名和登录密码填报项目供省级渔业行政主管部门通过新增录入专家信息时使用，如果是专家通过注册登录填写，则在注册时已填写这两项，进入系统后在填写专家基本信息时则不必再填写。

表 4-1　资源养护专家基本信息填报表

登录用户名 *				登录密码 *		密码不得超过 8 位		
基本信息	姓名		性别		出生年月	在时间下拉菜单中选择		照片
	工作单位		单位所在地	省　市　县	单位性质			
	单位所属系统	在农业部等下拉菜单中选择	所在部门		职务			
	职称	在正高级等下拉菜单中选择	主要社会兼职					

二、各项指标填报要求

（一）登录用户名

1. 填报方法　自行填写。

2. 填报内容　建议与专家姓名相同，"姓"和"名"之间不要加空格。

（二）登录密码

1．填报方法　自行填写。

2．填报内容　设置一个登录密码，密码不得超过8位。如果忘记密码，要通过专家填写的"单位所在地"的省级渔业行政管理部门账号进入"专家库信息"栏目"专家管理"选项中选择相应的专家信息重置密码。

（三）姓名

1．填报方法　自行填写。

2．填报内容　专家姓名，"姓"和"名"之间不要加空格。

（四）性别

1．填报方法　选择不同按钮。

2．填报内容　专家性别。

（五）出生年月

1．填报方法　从下拉菜单中选择或自行填写。

2．填报内容　填写8位数字，如1968年3月1日出生，填写为：19680301。

（六）工作单位

1．填报方法　自行填写。

2．填报内容　填写单位全称。

（七）单位所在地

1．填报方法　从下拉列框中选择。

2．填报内容　根据营业执照或法人证书上注明的单位地址，在下拉列框中选择，要求必须精确到县级，否则数据不能正常显示和汇总统计。注意：专家为部直属单位所属机构，填写该信息时要选择相应的部直属单位。

（八）单位性质

1．填报方法　从下拉菜单中选择。

2．填报内容　在行政单位、科研单位、推广单位、教学单位、其他事业单位、社会团体组织、企业、其他8种单位性质中选择其一。

（九）单位所属系统

1．填报方法　从下拉菜单中选择。

2．填报内容　在农业部、教育部、环保部、国家海洋局、国家林业局、水利部、科技部、其他部委、中国科学院、地方机构10种单位所属系统中选择其一。

（十）所在部门

1．**填报方法**　自行填写。

2．**填报内容**　填写专家在单位工作的具体部门，部门名称前不需要添加单位名称。如果专家为单位的领导班子成员，则所在部门不用填写。

（十一）职务

1．**填报方法**　从下拉菜单中选择。

2．**填报内容**　填写具体职务名称，应与"所在部门"对应，如所在部门填写"××学院"，此处可填写"院长"。

（十二）职称

1．**填报方法**　从下拉菜单中选择。

2．**填报内容**　在正高级、副高级、中级、初级、无5种职称中选择其一。

（十三）主要社会兼职

1．**填报方法**　自行填写。

2．**填报内容**　按照兼职单位+职务的形式填写，不同的社会兼职用分号间隔，如"××学会，副会长；××协会，秘书长"。

（十四）照片

1．**填报方法**　从本地电脑上传。

2．**填报内容**　专家近期彩色正面免冠人像的数码图像，规格最好为358像素（宽）×441像素（高）。

第三节　资源养护专家工作学习经历信息指标体系

一、指标体系介绍

工作学习经历信息主要反映资源养护专家的参加工作和学习等基本情况，可以了解专家所接受的教育和所从事的工作背景情况。采集指标包括毕业院校、学历、所学专业、工作经历4项指标（表4-2）。每个填报项目的具体填报字符相关规则见附件《资源养护信息采集系统数据填报字数限制及要求》。

表4-2　资源养护专家工作学习经历信息填报表

工作学习经历信息	最后毕业院校		学历	在下拉菜单中选择	所学专业	
	工作经历					

二、各项指标填报要求

（一）毕业院校

1. 填报方法　自行填写。

2. 填报内容　填写最后毕业院校，如中国海洋大学。

（二）学历

1. 填报方法　从下拉菜单中选择。

2. 填报内容　在博士研究生、硕士研究生、大学本科、高中、其他5种学历中选择其一。

（三）所学专业

1. 填报方法　自行填写。

2. 填报内容　填写在毕业院校所学专业名称，如水生生物学。

（四）工作经历

1. 填报方法　自行填写。

2. 填报内容　按照某个时间段—某个时间段+单位的形式填写，不同的工作经历用分号间隔。如2001.07—2004.07 中国水产科学研究院；2001.07—2004.07 上海水产大学。

第四节　资源养护专家工作领域信息指标体系

一、指标体系介绍

资源养护专家工作领域信息主要反映资源养护专家业务专长和工作成绩情况，需要专家逐项填写。采集指标包括目前主要从事工作、研究或擅长领域、主要工作业绩、代表论文论著、获奖成果5项指标（表4-3）。每个填报项目的具体填报字符相关规则见附件《资源养护信息采集系统数据填报字数限制及要求》。

表4-3　资源养护专家工作领域信息填报表

工作领域信息	目前主要从事工作	
	研究或擅长领域	
	主要工作业绩	
	代表论文论著（1～5篇）	
	获奖成果（1～5项）	

二、各项指标填报要求

（一）目前主要从事工作

1．填报方法　自行填写。

2．填报内容　填写目前主要从事的工作，用1～3句话概况说明，字数100字以内。如："研究云南及其邻近地区水生生物生物学和生态学"。

（二）研究或擅长领域

1．填报方法　自行填写。

2．填报内容　填写专家主要研究或擅长的专业领域或工作领域，字数300字以内。如："鱼类的系统分类、进化和种群生态学；珍稀土著鱼类保育与可持续利用研究；水生生物生态监测与保护生物学研究"。

（三）主要工作业绩

1．填报方法　自行填写。

2．填报内容　填写专家自参加工作以来取得主要工作成绩，字数500以内。如："自1986年参加工作以来，紧紧围绕本专业的主攻方向和专业特长，对云南及其邻近地区鱼类的系统分类、进化和种群生态学进行了广泛深入的研究；先后主编专著1部，合编专著5部，在国内、外学报上发表论文40余篇；获得云南省自然科学二等奖2项"。

（四）代表论文论著

1．填报方法　自行填写。

2．填报内容　填写专家发表的比较具有代表性的论文和论著，限5篇以内。格式为：作者＋发表时间＋论文论著名称＋发表刊物＋期刊卷号＋期刊期号＋页码。如：杨君兴*，陈小勇，陈银瑞．2007．中国澜沧江鱼芒科鱼类种群现状及洄游原因分析. 动物学研究，28（1）：63–67。

（五）获奖成果

1. **填报方法**　自行填写。

2. **填报内容**　填写专家获得的地市级或厅局级以上科技成果或奖励，限5项以内。格式为：获奖项目名称+获奖时间+获奖奖项名称+排名。如：抚仙湖鱼类的生物学和资源利用，1997年度云南省自然科学奖（二等奖），排名第一。

第五节　资源养护专家联系信息指标体系

一、指标体系介绍

资源养护专家联系信息主要反映资源养护专家联系电话、邮政通讯、电子邮箱等相关信息。采集指标包括通讯地址、邮政编码、办公电话、移动电话、电子邮箱和身份证号码6项指标（表4–4）。每个填报项目的具体填报字符相关规则见附件《资源养护信息采集系统数据填报字数限制及要求》。

表4-4　资源养护专家联系信息填报表

联系信息	通讯地址					
	邮政编码		办公电话		移动电话	
	电子邮箱				身份证号码	

二、各项指标填报要求

（一）通讯地址

1. **填报方法**　自行填写。

2. **填报内容**　填写详细的地理信息，建议先填写"省市、地区、街道"信息，再填写"单位、部门"信息。

（二）邮政编码

1. **填报方法**　自行填写。

2. **填报内容**　填写6位数字，如100125。

（三）办公电话

1．填报方法　自行填写。

2．填报内容　先填写区号，再填写号码，如：010-59195070。

（四）移动电话

1．填报方法　自行填写。

2．填报内容　该信息仅限农业部管理员使用，不向社会公开。

（五）电子邮箱

1．填报方法　自行填写。

2．填报内容　填写样式如：437291547@qq.com。

（六）身份证号码

1．填报方法　自行填写。

2．填报内容　该信息仅限农业部管理员使用，不向社会公开。

第六节　资源养护专家相关管理信息指标体系

一、指标体系介绍

　　资源养护专家相关管理信息主要反映资源养护专家参与资源养护管理工作的相关情况，该信息主要由省级管理员和农业部管理员填写。资源养护专家相关管理信息采集指标包括工作领域、专业组别、入库以来参与工作、部级资质认定、部级工作年度考核、省级资质认定、省级工作年度考核7项指标（表4-5）。每个填报项目的具体填报字符相关规则见附件《资源养护信息采集系统数据填报字数限制及要求》。

表4-5　资源养护专家相关管理信息填报表

相关管理信息	工作领域	○ 增殖放流　○ 海洋牧场　○ 水野保护　◉ 外来物种　○ 养殖面源污染 ○ 水域环境监测及修复		
	专业组别	渔业资源	入库以来参与工作	
	部级资质认定	○ 认定 ◉ 未认定	部级工作年度工作考核	
	省级资质认定	○ 认定 ◉ 未认定	省级工作年度工作考核	

二、各项指标填报要求

（一）工作领域

1. 填报方法　在相关选项前面勾选。

2. 填报内容　在增殖放流、海洋牧场、水野保护、外来物种、养殖面源污染、水域环境监测与修复等工作领域选项中选择一个或多个。该栏目只有农业部管理员可以操作。

（二）专业组别

1. 填报方法　从下拉菜单中选择。

2. 填报内容　选择某一工作领域后，可在下拉菜单中选择相应的专业组别。该栏目省级管理员和农业部管理员均可进行选择或修改。

（三）入库以来参与工作

1. 填报方法　自行填写。

2. 填报内容　填写专家自入库以来参与的农业部或省级渔业行政主管部门组织的资源养护相关监管工作。资源养护专家、省级管理员和农业部管理员均可进行填写。

（四）部级资质认定

1. 填报方法　选择不同按钮。

2. 填报内容　选择认定或未认定，该栏目只有农业部管理员可以操作，可重复修改。

（五）部级工作年度考核

1. 填报方法　自行填写。

2. 填报内容　对资源养护专家参与农业部组织的资源养护相关监管工作进行评价，例如，2017年7月参与农业部组织的增殖放流监督检查，工作良好。该栏目只有农业部管理员可以填写。

（六）省级资质认定

1. 填报方法　选择不同按钮。

2. 填报内容　选择认定或未认定，该栏目只有省级管理员可以操作，可重复修改。

（七）省级工作年度考核

1. 填报方法　自行填写。

2．填报内容　对资源养护专家参与省级渔业行政主管部门组织的资源养护相关监管工作进行评价，例如，2017年7月参与湖北省水产局组织的增殖放流监督检查，工作良好。该栏目只有省级管理员可以填写。

第七节　资源养护专家信息采集报表制度（汇总导出）

报表制度是通过报表来体现采集指标。本系统汇总导出的专家信息表与农业部渔业渔政管理局要求报送的水生生物资源养护专家信息库专家信息表格内容一致，各地可以将汇总导出的报表盖章后报送部局。

一、全国水生生物资源养护专家信息库专家信息表

该表主要反映资源养护专家的具体情况。包括基本信息、工作学习经历信息、工作领域信息、联系信息、相关管理信息5个部分（表4-6）。该表可以客观评价和分析资源养护专家的相关能力和专长，以及参与资源养护管理工作的相关情况，供农业部和省级渔业行政主管部门备案和参考。该表农业部管理员、省级管理员和资源养护专家可以看到。

二、全国水生生物资源养护专家信息库专家公开信息表

该表与全国水生生物资源养护专家信息库专家信息表基本相同，但没有移动电话和身份证号码（表4-7）。该表主要用于系统首页基础数据库显示使用，社会公众均可看到。

表4-6　全国水生生物资源养护专家信息库专家信息表

	姓名	××××	性别	男	出生年月	1980/5/25	
基本信息	工作单位	全国水产技术推广总站	单位所在地	全国水产技术推广总站	单位性质	推广单位	
	单位所属系统	农业部	所在部门	苗种处	职务	副处长	
	职称	中级	主要社会兼职	无			

（续）

工作学习经历信息	毕业院校	上海水产大学	学历	博士研究生	所学专业	水生生物学		
	工作经历	2001.07—2004.07 中国水产科学研究院；2001.07—2004.07 上海水产大学						

工作领域信息	目前主要从事工作	研究云南及其邻近地区水生生物生物学和生态学
	研究或擅长领域	鱼类的系统分类、进化和种群生态学；珍稀土著鱼类保育与可持续利用研究；水生生物生态监测与保护生物学研究
	主要工作业绩	自 1986 年参加工作以来，紧紧围绕本专业的主攻方向和专业特长，对云南及其邻近地区鱼类的系统分类、进化和种群生态学进行了广泛深入的研究；先后主编专著 1 部，合编专著 5 部，在国内、外学报上发表论文 40 余篇；获得云南省自然科学二等奖 2 项
	代表论文论著	1. 杨君兴 *, 陈小勇 陈银瑞，2007，中国澜沧江鱼芒科鱼类种群现状及洄游原因分析。动物学研究 28（1）：63-67
	获奖成果	1. 抚仙湖鱼类的生物学和资源利用，1997 年度云南省自然科学奖（二等奖），排名第一

联系信息	通讯地址	北京市朝阳区麦子店街 18 号楼				
	邮政编码	100125	办公电话	01059195070	移动电话	
	电子邮箱	437291547@qq.com	身份证号码		490111198005287614	

相关管理信息	工作领域	○ 增殖放流　○ 海洋牧场　○ 水野保护　○ 外来物种　○ 养殖面源污染 ○ 水域环境监测及修复	
	专业组别	渔业资源	入库以来参与工作
	部级资质认定	○ 认定 ○ 未认定	部级工作年度工作考核
	省级资质认定	○ 认定 ○ 未认定	省级工作年度工作考核

表 4-7　全国水生生物资源养护专家信息库专家公开信息表

基本信息	姓名	×××	性别	男	出生年月	1980/5/25	
	工作单位	全国水产技术推广总站	单位所在地	全国水产技术推广总站	单位性质	推广单位	
	单位所属系统	农业部	所在部门	苗种处	职务	副处长	
	职称	中级	主要社会兼职	无			
工作学习经历信息	毕业院校	上海水产大学	学历	博士研究生	所学专业	水生生物学	
	工作经历	2001.07–2004.07 中国水产科学研究院；2001.07–2004.07 上海水产大学					

（续）

	目前主要从事工作	研究云南及其邻近地区水生生物生物学和生态学				
工作领域信息	研究或擅长领域	鱼类的系统分类、进化和种群生态学；珍稀土著鱼类保育与可持续利用研究；水生生物生态监测与保护生物学研究				
	主要工作业绩	自1986年参加工作以来，紧紧围绕本专业的主攻方向和专业特长，对云南及其邻近地区鱼类的系统分类、进化和种群生态学进行了广泛深入的研究；先后主编专著1部，合编专著5部，在国内、外学报上发表论文40余篇；获得云南省自然科学二等奖2项				
	代表论文论著	1.杨君兴*、陈小勇 陈银瑞，2007，中国澜沧江鱼芒科鱼类种群现状及洄游原因分析。动物学研究28（1）：63-67				
	获奖成果	1.抚仙湖鱼类的生物学和资源利用，1997年度云南省自然科学奖（二等奖），排名第一				
联系信息	通讯地址	北京市朝阳区麦子店街18号楼				
	邮政编码	100125	办公电话	01059195070	电子邮箱	437291547@qq.com
相关管理信息	工作领域	○ 增殖放流　○ 海洋牧场　○ 水野保护　○ 外来物种　○ 养殖面源污染 ○ 水域环境监测及修复				
	专业组别	渔业资源	入库以来参与工作			
	部级资质认定	○ 认定 ○ 未认定	部级工作年度工作考核			
	省级资质认定	○ 认定 ○ 未认定	省级工作年度工作考核			

三、全国水生生物资源养护专家信息库专家管理汇总表

该表主要用于资源养护专家信息库专家管理。通过该表省级渔业行政主管部门和农业部可以对专家信息表进行修改，并导出专家信息表（表4-8）。资源养护专家进入系统后可通过"查看专家"功能查看该汇总表，但没有导出和操作功能。

表4-8　全国水生生物资源养护专家信息库专家管理汇总表

序号	姓名	工作单位	职称	学历	专业组别	固定电话	手机号码	省级认定	部级认定	导出	操作
1	李磊	中国水产科学研究院	正高级	博士研究生	综合管理	010-65710034		省级认定	部级未认定	导出	重置密码 审核 驳回 修改 删除
2	徐芳	湖北省水产科学研究院	正高级	博士研究生	综合管理	027-33450101		省级认定	部级认定	导出	重置密码 审核 驳回 修改 删除

（续）

序号	姓名	工作单位	职称	学历	专业组别	固定电话	手机号码	省级认定	部级认定	导出	操作
3	赵峰	浙江省海洋水产研究所	正高级	博士研究生	综合管理	0571-4333348		省级未认定	部级未认定	导出	重置密码 审核 驳回 修改 删除

四、全国水生生物资源养护专家信息库推荐专家信息汇总表

该表主要用于资源养护专家信息库推荐专家管理。通过该表农业部可以对各省推荐专家信息进行汇总分析，并导出专家信息表（表4-9）。

表4-9　全国水生生物资源养护专家信息库推荐专家信息汇总表

序号	推荐省份	单位所在地	单位所属系统	工作单位	所在部门	姓名	职务	职称	年龄	所属类别	工作领域	手机号码	省级认定	部级认定
1	江苏省	江苏省	地方机构	江苏省农科院	动物所	李峰	主任	正高级	43	综合管理	保护区建设		省级认定	部级未认定
2	全国水产技术推广总站	全国水产技术推广总站	农业部	全国水产技术推广总站	疫病防治处	李清	处长	正高级	51	综合管理	增殖放流		省级认定	部级认定
3	江苏省、全国水产技术推广总站	全国水产技术推广总站	农业部	全国水产技术推广总站	苗种处	何忠	副处长	中级	37	工程造价	保护区建设，水生野生动物保护		省级未认定	部级未认定

第五章

水生生物资源养护信息采集系统使用

　　水生生物资源养护信息采集数据的获取是资源养护工作具体实施单位填写台账，由报表填报单位信息员（区县级用户、部直属单位用户、省本级或直属单位用户、地市本级或直属单位用户）收集后，通过计算机输入专用的软件上报后完成采集。用于该资源养护信息采集，并对采集到的数据进行挖掘、汇总、分析评估、形成基础数据库而开发的软件系统即为采集操作系统。

　　水生生物资源养护信息采集系统是进行全国水生生物资源养护基础信息采集采集的重要工作。软件由全国水产技术推广总站和上海峻鼎渔业科技有限公司共同设计开发。配合资源养护信息采集工作，目前已开发出"国家级水产种质资源保护区信息系统"和"全国水生生物资源养护信息采集系统"。其中，"全国水生生物资源养护信息采集系统"经一次升级，目前为V1.1版本。资源养护信息采集软件已成功向国家版权局申请了《国家级水产种质资源保护区信息系统》（证书号：软著登字等1528604号）、《全国水生生物资源养护信息采集系统》（证书号：软著登字第1345054号）、《水生生物资源养护数据分析评估系统》（证书号：软著登字第1528563号）、《水生生物增殖放流供苗单位管理信息系统》（证书号：软著登字第1528729号）等4项计算机软件著作权登记。

　　系统主要解决了各报表填报单位采集数据的录入报送，地市级管理员数据审核（驳回）、省级管理员的数据审核（驳回）、农业部管理员的数据审核（驳回）等流程；报表填报用户和供苗单位用户的供苗单位信息录入；建立水生生物资源数据库、增殖放流水域划分数据库、增殖放流基础数据库、水产种质资源保护区数据库、水生生物自然保护区数据库、增殖放流供苗单位数据库、珍稀濒危苗种供应单位数据库、增殖放流供苗单位（黑名单）数据库、资源养护专家数据库、全国水产原良种体系数据库以及人工鱼礁（巢）海洋牧场数据库11个数据库；对资源养护基础数据报送情况进行查看和纠正；对报送后的数据进行挖掘、统计和汇总分析；对报送数据和汇总分析数据进行导出；内部办公、交流和信息发布等需求。信息系统界面友好，操作人性化，功能较为强大，集报送、纠错、审核、分析、基础数据库应用以及内部办公为一体，极大地提高了资源养护信息采集工作效率和科学性。

第一节　软件系统的技术实现

该系统是一个具有系统设置、用户管理、数据报送、数据分析、基础数据库、信息发布和内部办公等多功能的系统，为资源养护信息采集提供数据采集渠道。该平台能屏蔽不同操作系统的差异，为未来系统拓展、智能化打下基础。系统集成了网站首页、系统设置、用户信息、资源养护信息填报、资源养护信息审核、供苗单位新增、中央财政增殖放流供苗单位自动汇总、汇总导出、汇总分析、基础数据库、信息发布、内部办公等12项功能。系统使用用户包括管理员用户（报表审核用户）、报表填报用户、供苗单位用户、专家用户以及社会公众用户，各个用户对应的系统功能也有所不同。

一、系统的特点

本系统是采用B/S结构下的Web应用开发，客户端除了浏览器不需要安装其他软件，简化了系统的维护与使用。

（1）系统前端部分采用JQurey、Ajax技术实现，页面无需刷新并更新数据、客户端异步与服务器通信、系统前端展示和后端程序负载平衡等，大大提升了系统的友好性。

（2）结构化的数据保证了系统结构的有序性。

（3）数据的共享性使系统避免了数据的重复，不同区域、不同部门之间可以调用权限范围内的数据，从而简化了系统的使用以及减少数据冗余度。

（4）数据库及其结构具有独立性。

（5）本系统不是把数据简单堆积，它在记录数据信息的基础上具有很多的管理功能，如输入、输出、查询、编辑修改等，更好地进行分类、分析。

（6）根据用户的职责，不同级别的人对数据库具有不同的权限，本系统保证了数据的安全性。

二、系统的技术方法

（一）总体构架

为保证系统运行的执行效率以及保障系统安全性，系统建设首要任务就是确保系统整体框架结构的科学性、合理性，其次在合理科学的框架基础上采用目前稳定高效的WebServer以及中间件。保证了系统的整体性能和安全性。Web

应用等相关框架的采用了目前最高版本IIS（Internet Information Server 8.0）以及.NetFramework4.5。

系统是基于Windows下的.Net Framework 4.5框架，采用三层框架结构，分别为DAL、BLL和Model，降低了层与层之间的依赖，利于各层逻辑的复用，并减少了系统入口点，有效地提高了系统安全。系统架构图见图5-1。

1．业务实体层（Model）　将业务模型进行业务实体化，用不同的属性来定义一个实体，例如，增殖放流数据报表，不仅定义了增殖放流的基本属性（放流时间、放流地点等），而且往下延伸至放流的具体品种以及品种的属性。

2．业务逻辑层（BLL）　逐一定义各个业务实体层的具体操作，例如，新增、修改、删除、查询、查重等。

3．数据访问层（DAL）　通过业务逻辑层将包含实例的业务实体反馈给数据库，对数据库进行相应的操作，实现数据的更新、汇总。

4．表示层（Web）　接收数据录入以及对业务实体层进行实例化展示。

5．通用类库　包含了通用的系统操作类库。

6．数据库访问类库　封装了基本的数据库访问类及方法。

图5-1　系统架构

（二）数据库设计

本系统采用了关系型数据库MS-SqlServer2008，如表5-1所示，记录了放流活动的基础数据，表5-2记录了本次放流活动的放流品种、数量、规格、供苗单位等信息。在整体的数据结构上和我们实际的放流活动保持了一致性，在业务逻辑上更加直观。

表 5-1　水生生物增殖放流活动基础数据信息业务逻辑

序号	列名	数据类型	长度	小数位	标识	主键	外键	允许空	默认值	说明
1	Id	bigint	8	0	是	是		否		
2	UnCode	varchar	50	0				是		
3	PlaceId	bigint	8	0				是		
4	TheYear	smallint	2	0				是		
5	TheMonth	smallint	2	0				是		
6	TheDay	smallint	2	0				是		
7	Capital	decimal	9	2				是		资金
8	ZZDW	varchar	50	0				是		
9	JiBie	varchar	50	0				是		
10	Flag	int	4	0				是	0	
11	AddTime	smalldatetime	4	0				是	getdate	

表 5-2　水生生物增殖放流活动具体数据信息业务逻辑

序号	列名	数据类型	长度	小数位	标识	主键	外键	允许空	默认值	说明
1	Id	bigint	8	0	是	是		否		
2	Id01	bigint	8	0				是		
3	FishCode	varchar	50	0				是		
4	Num	decimal	9	2				是		
5	GuiGe	varchar	20	0				是		
6	Capital_Zy	decimal	9	2				是		
7	Capital_Sheng	decimal	9	2				是		
8	Capital_Shi	decimal	9	2				是		
9	Capital_She	decimal	9	2				是		
10	Dwmc	nvarchar	80	0				是		
11	Bz	varchar	250	0				是		

关联表（图5-2）通过表的外键进行关联，即可单独分开统计汇总，也可联合进行统计汇总。

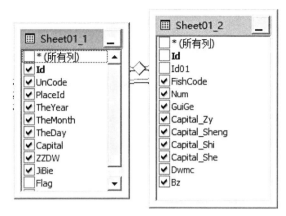

图5-2　系统架构

（三）功能模块设计

本系统分为6个子系统：数据报送子系统、数据审核子系统、汇总导出子系统、数据分析子系统、信息发布子系统及系统管理子系统，这6个子系统既相对独立又实现了有机结合。系统功能模块设计如下（图5-3）。

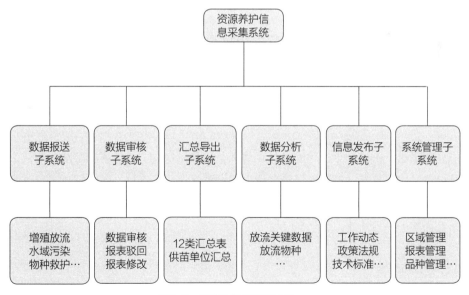

图5-3　系统功能模块设计图

本系统根据数据分析结果，汇总成为10个基本数据库，见图5-4（彩图8）。

图5-4 系统基础数据库示意图

第二节 信息系统概况

一、主要功能

全国水生生物资源养护信息采集系统（以下简称信息系统）是全国水生生物资源养护基础信息的一个网上在线管理系统，通过信息系统实现对资源养护基础信息的报送、汇总、分析等的信息化管理。信息系统V1.1包括系统网站首页、系统设置、用户信息、资源养护信息填报、资源养护信息审核、中央财政增殖放流供苗单位自动汇总、供苗单位新增、汇总导出、汇总分析、基础数据库、信息发布及内部办公等功能。

二、报送内容

信息报送包括资源养护基础报表、增殖放流供苗单位信息、资源养护工作相关报告和图文资料。基础报表包括《水生生物增殖放流基础数据统计表》《人工鱼礁（巢）和海洋牧场及示范区建设情况统计表》《禁渔区和禁渔期制度实施情况统计表》《自然保护区和水产种质资源保护区建设情况调查表》《濒危物种专项救护情况统计表》《渔业水域污染事故情况调查统计表》《渔业生态环境影响评价工作情况调查统计表》《农业资源及生态保护补助项目增殖放流情况统计表》等8个水生生物资源养护的基础报表；增殖放流供苗单位信息包括《年度中央财政增殖放流苗种生产单位信息登记表》基础报表；资源养护工作相关报告包括年度资源养护工作总结报告、年度农业资源及生态保护补助项目增殖放流总结报告以及年度增殖放流效果评价报告等总结材料；图文资料包括证明材料和活动图片资料，证明材料为加盖单位公章的本行政区域资源养护汇总导出报表，活动图片资料为有关水生生物资源养护工作成果资料。包括本辖区宣传贯彻落实《中国水生生物资源养护行动纲要》、国务院《关于促进海洋渔业持续健康发展的若干意见》中资源养护工作要求和环保部、农业部《关于进一步加强水生生物资源保护严格环境影响评价管理的通知》（环发〔2013〕86号）的活动，以及开展增殖放流等水生生物资源养护活动的相关图片资料，并辅以相关说明。

三、汇总导出

汇总导出主要是根据填报的基础报表数据汇总导出的统计报表。包括《海洋生物资源增殖放流统计表》《淡水物种增殖放流统计表》《珍稀濒危水生野生动物增殖放流统计表》《水生生物增殖放流基础数据统计表》《渔业污染事故情况调查统计表》《渔业生态环境影响评价工作情况调查统计表》《禁渔区和禁渔期制度实施情况统计表》《新建自然保护区和水产种质资源保护区情况调查统计表》《濒危物种专项救护情况调查统计表》《人工鱼礁（巢）/海洋牧场示范区建设情况统计表》《农业资源及生态保护补助项目增殖放流情况统计表》《中央财政增殖放流供苗单位汇总表》等12个统计表。这12个统计表反映了行政区域内年度资源养护工作基本情况，供相关行政主管部门备案和参考。

四、汇总分析

汇总分析主要对资源养护相关工作情况进行整理汇总，重点突出在增殖放流基础数据和供苗管理方面进行深入分析，为相关工作的规范开展和持续发展提供参考。包括《各地区增殖放流关键数据汇总分析表》《各水域增殖放流基础数据汇总分析表》《海洋生物资源增殖放流汇总分析表》《淡水广布种增殖放流汇总分析表》《淡水区域种增殖放流汇总分析表》《珍稀濒危物种增殖放流汇总分析表》

《增殖放流供苗单位各品种亲本情况汇总分析表》《增殖放流供苗单位各品种供苗能力汇总分析表》《各区域增殖放流水域面积汇总分析表》等9个汇总分析表的功能。这9个汇总分析表主要对资源养护相关工作情况进行整理汇总，重点突出在增殖放流基础数据和供苗管理方面进行深入分析，为相关工作的规范开展和持续发展提供参考。

五、信息系统工作流程

（一）完成省级系统设置

农业部管理员为省级管理员和部直属用户分配用户账号、填报报表、放流物种，目前该项工作已完成（报送工作流程见图5-5，彩图9）。放流水域依据《农业部关于做好"十三五"水生生物增殖放流工作的指导意见》（以下简称《指导意见》）附表由系统自动分配完成。各省如需增加《指导意见》附表外的放流

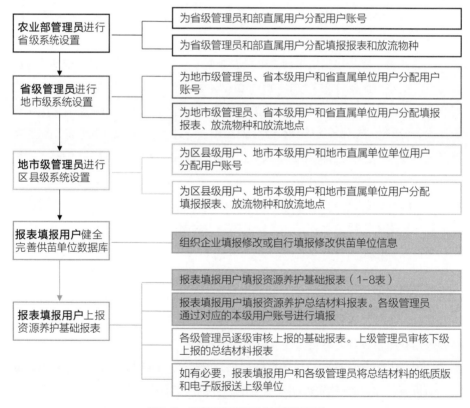

图5-5 信息系统填报工作正常程序图

物种和放流水域，可联系农业部管理员（系统支持单位）由其在系统后台进行添加。

（二）完成地市级系统设置

省级管理员为地市级管理员、省本级用户和省直属单位用户分配用户账号、填报报表、放流物种以及放流地点。目前该项工作已完成用户账号分配，其他分配设置需要由省级管理员完成。各地市如需增加《指导意见》附表外的放流物种和放流水域，可联系省级管理员，由其汇总后报农业部管理员添加。

（三）完成区县级系统设置

地市级管理员为区县级用户、地市本级用户和地市直属单位用户分配用户账号、填报报表、放流物种以及放流地点。目前该项工作已完成用户账号分配，其他分配设置需要由地市级管理员完成。各区县如需增加《指导意见》附表外的放流物种和放流水域，可联系地市级管理员，由其汇总后报省级管理员。

（四）健全完善供苗单位信息

报表填报用户（包括区县级用户、部直属单位用户、省本级用户、省直属单位用户、地市本级用户、地市直属单位用户）在上级单位分配用户账号、填报报表、放流物种以及放流地点后即可进行信息填报。首先进行供苗单位信息填报，填报方式有两种，一种由供苗单位网上系统注册后自行填写，再由所属渔业行政主管部门审核后，相关信息即进入供苗单位数据库；另一种由渔业部门（包括各级管理员和报表填报用户）根据供苗单位报送的纸质材料进行新增填报，填报完成后相关信息即进入供苗单位数据库。

（五）填报资源养护基础报表

报表填报用户上报年度供苗单位后即可开展资源养护基础报表填写。根据每一个基础报表的填报说明完成对应报表填写，填报完成后点击"数据报送"即完成基础报表的上报工作，报表填报用户根据报表分配情况最多需要填报8个报表和相关总结材料（报送内容见表5-3）。各级管理员对报表填报用户上报的基础报表进行逐步审核，存在问题的可进行驳回处理，由报表填报用户修改后再行上报。其中报送总结材料只供上一级单位管理使用，不需要继续上报全部基础报表经农业部管理员审核通过后即完成资源养护基础信息上报工作。

（六）统计报表打印上报

如果上级单位需要总结材料和统计报表的纸质版和电子版（报送内容见表5-3），完成资源养护基础信息上报工作后，报表填报用户和各级管理员通过系统汇总导出功能导出13个统计报表，连同相关总结材料签字盖章后以正式文件方式报送上级单位，同时发送电子版。

表5-3 报送总结材料的类别和方法对照表

报送类别	报送方法	工作总结	汇总导出报表	相关活动图片资料
报送总结材料纸质版	快递邮寄	年度资源养护工作总结纸质版	系统汇总导出报表（1～12表）签字盖章完整纸质版	活动图片资料纸质版
报送总结材料电子版	电子邮件	年度资源养护工作总结电子版	系统汇总导出报表（1～12表）完整电子版	活动图片资料电子版
报送总结材料报表	通过信息系统上报	年度资源养护工作总结电子版	系统汇总导出报表盖章证明电子版（1～12表，每个报表只需上报一张签字盖章拍照或扫描照片电子版）	活动图片资料电子版

六、信息系统简易流程

如果信息采集工作还未延伸到地市级或县级，相应的市级或区县级的报送材料可由省本级或地市本级根据其报送的纸质或电子版材料进行填报。以省本级报送为例，具体流程为：首先由省级管理员为省本级用户分配用户账号、填报报表、放流物种以及放流地点，然后省本级用户填报供苗单位信息并进行年度上报，再填写资源养护基础报表进行上报，经省级管理员审核后报送农业部（图5-6）。

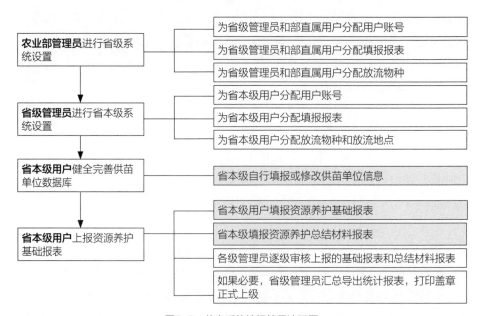

图5-6 信息系统填报简易流程图

第三节　信息系统登录

一、登录方式

用户登录系统有两种方式。直接输入网址（http://zyyh.cnfm.com.cn/），或者在"中国渔业政务网（http://www.yyj.moa.cn/）"的首页左侧下端相关链接栏，点击"水生生物资源养护信息采集系统"即可进入信息系统的用户登录界面。见图5-7。

图5-7　用户登录界面

系统分为管理员（包括农业部管理员、省级管理员、地市级管理员）、报表填报用户（包括区县级用户、部直属用户、省本级用户、地市本级用户、省直属单位用户、地市直属单位用户）及供苗单位用户、专家用户4类用户。管理员用户和报表填报用户在红色框的位置输入账号、密码、验证码即可登录。供苗单位用户点击红色框上端的切换标签即可输入账号、密码、验证码进行注册或登录。

二、用户账号密码

省级管理员的账号为本省的行政区划名称，如山东省。为方便数据汇总统计，计划单列市按省级的权限进行操作。地市级管理员的账号为本省行政区划名称+本市行政区划名称，如山东省济南市。区县级用户的账号为本市行政区划名称+本县行政区划名称，如济南市历下区。部直属用户的账号为单位全称，如中国水产科学研究院。省本级用户的账号为本省行政区划名称+省（区、市）本级，如山东省省本级。地市本级用户的账号为本市行政区划名称+市（区、盟）本级，如济南市市本级。省直属单位用户和地市直属单位用户的账号和密码分别由省级管理员和地市级管理员设置。

第四节　农业部管理员操作方法

农业部管理员权限属于系统管理员的最高权限。在此权限下，可对系统相关设置和数据进行修改。系统功能包括系统设置、用户信息、资源养护信息采集、供苗单位信息管理、专家库信息管理、汇总导出、汇总分析、基础数据库、信息发布、内部办公等。

一、系统设置

农业部管理员为省级管理员和部直属用户分配用户账号、填报报表、放流物种，目前该项工作已完成。放流水域依据《农业部关于做好"十三五"水生生物增殖放流工作的指导意见》（以下简称《指导意见》）附表由系统自动分配完成。各省如需增加《指导意见》附表外的放流物种和放流水域，可联系农业部管理员（系统支持单位）由其在系统后台进行添加。

（一）区域管理

1. 区域设置　为方便各级渔业部门使用，系统将全国区域划分为31个省、自治区和直辖市，5个计划单列市，新疆生产建设兵团，部本级、中国水产科学研究院、全国水产技术推广总站等共40个二级区域。二级区域中各直辖市划分为各区县、市本级等三级区域，各省、自治区划分为各市、地区、州、盟、省（区）本级等三级区域，新疆生产建设兵团划分为各师、兵团本级等三级区域。各市、地区、州、盟再进一步划分为各区、县、旗，地级市本级，地区本级，州本级，盟本级等四级区域。系统填报以县级行政区域为基本填报单元，此外，地市本级、省本级、部直属均为基本填报单元（见图5-8，彩图10，图中灰色方框均为基本填报单元）。

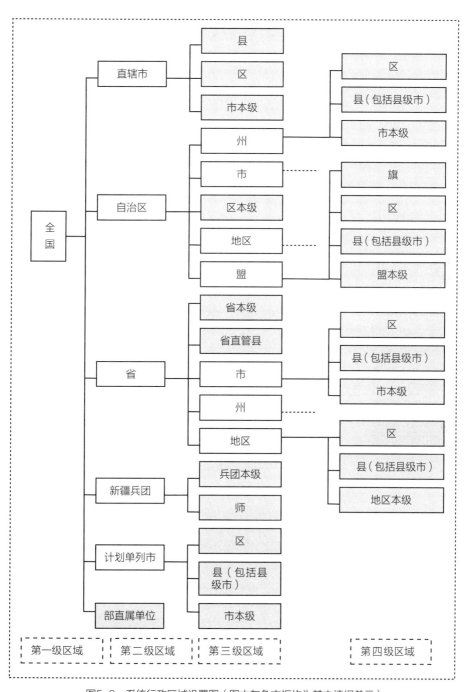

图5-8　系统行政区域设置图（图中灰色方框均为基本填报单元）

2．功能权限　农业部管理员可以通过区域管理查看、删除、修改和添加全国省市县三级行政区划。目前已经将全国各省市区县的行政区划导入了本系统，农业部管理员可根据实际情况和各地要求新增、修改或删除区划。

3．操作方法　例如，添加北京市市本级区域，点击【添加】按钮，在所属区域第一级中点击"全国"，所属区域第二级会自动弹出下拉菜单，从中选择点击"北京市"，所属区域第三级会自动弹出下拉菜单，这时在区域名称栏输入"市本级"，点击确定，北京市市本级区域即添加完成（图5-9）。

图5-9　区域管理添加界面

如果要修改北京市朝阳区的行政区划，点击【区域管理】按钮，在所属区域检索栏下拉菜单中选择北京，再点击【检索】按钮，找到对应的行政区域行，在操作栏点击【修改】按钮即可进行修改（图5-10）。

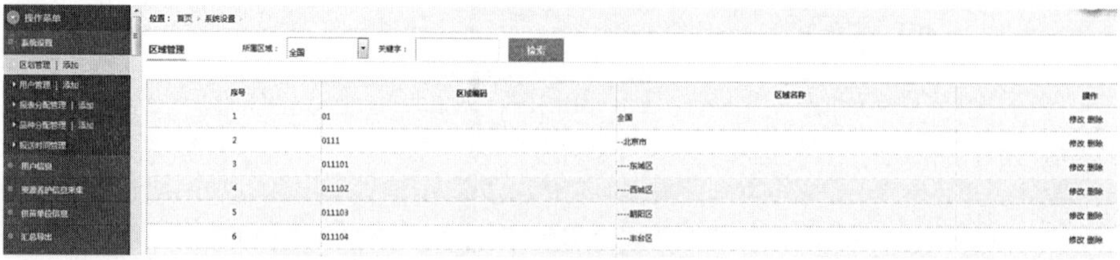

图5-10　区域管理界面

4．注意事项　系统如果需要添加某一用户账号，必须先添加该用户的行政区划。需要注意的是，如果省级、市级渔业主管部门需要直接开展数据填报，走简化工作流程，需要首先由农业部管理员在该省、市行政区域内添加"省本级""地市本级"这一虚拟行政区划，由省本级或地市本级用户填报相关数据。如果要增加部直属单位账号，必须在全国范围内先添加相应的虚拟行政区划。

（二）用户管理

1．用户设置　系统已按照设置的行政区域全部添加了对应的用户账号。凡属于基本填报单元的行政区划下的用户均为报表填报用户（基层填报用户），凡属于基本填报单元的上级行政区划的用户均为管理员（报表审核用户）。

2．功能权限　农业部管理员可以通过"用户管理"功能删除农业部、省、市、县各级用户账号的各种信息。修改、添加农业部、省级用户（包括部直属）账号的各种信息，包括修改密码。

3．操作方法　点击【用户管理】按钮，系统右侧页面会显示全国所有用户账号，在所属区域检索栏下拉菜单中选择特定省级行政区域，再点击【检索】按钮，即可显示该省级行政区域下的所有用户账号信息，在对应的操作栏点击【修改】【删除】【恢复默认密码】按钮即可进行用户账号的修改、删除或恢复特定用户的账号密码至默认密码（图5-11）。

图5-11　用户管理界面

点击【添加】按钮，可以添加农业部、省级用户（包括部直属单位）账号的各种信息（图5-12）。目前，农业部管理员已为省级管理员和部直属单位用户全部分配了用户账号。

图5-12 用户添加界面

4. **注意事项** 系统如果需要添加某一用户账号，该用户的所属行政区划必须已在区域管理库中。为保证信息报送的严谨性和规范性，每一行政区域只能设置1个用户，如果添加第2个用户，系统会提示"用户名重复"。

（三）报表分配管理

1. **报表设置** 报表包括《水生生物增殖放流基础数据统计表》《人工鱼礁（巢）/海洋牧场示范区建设情况统计表》《禁渔区和禁渔期制度实施情况统计表》《自然保护区和水产种质资源保护区建设情况调查表》《濒危物种专项救护情况统计表》《渔业水域污染事故情况调查统计表》《渔业生态环境影响评价工作情况调查统计表》《农业资源及生态保护补助项目增殖放流情况统计表》8个基础报表以及报送总结材料1个材料报表。每个报表填报单位需要上报的报表由上级部门设置，根据设置报表填报单位可能需要上报所有报表，也可能只需要上报部分报表。

2. **功能权限** 农业部管理员可以通过报表分配管理删除全国省市县各级用户的分配报表，修改、添加省级用户（包括部直属单位）的分配报表。

3. **操作方法** 点击【添加】按钮，选择分配的区域后，在可选报表框中选择报表（同时按下"Shift"键可以一次多选），点击向下的三角按钮，将选好的报表放入已选报表框，点击"确定"即可完成该区域的报表分配（图5-13）。农业部管理员还可以通过报表分配管理选项查看、修改、删除所选区域的分配报表。

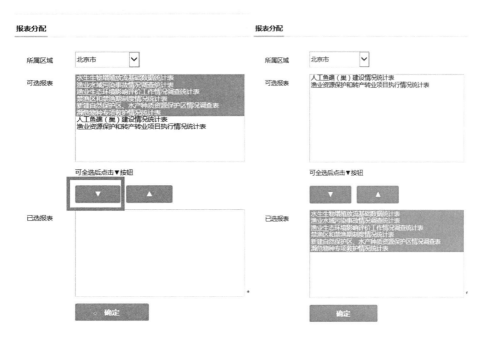

图5-13　报表分配界面

（四）品种分配管理

1. 品种设置　品种主要用于水生生物增殖放流基础数据统计表的填报。品种数据来源于《农业部关于做好"十三五"水生生物增殖放流工作的指导意见》（以下简称《指导意见》）附表，此外根据实际情况添加了非规划物种和目前养殖常见的非增殖放流物种。具体品种数据情况见《水生生物基础数据库》相关材料。目前农业部管理员已根据《指导意见》为省级管理员和部直属用户分配了放流品种。各省如果需要增加《指导意见》附表外的放流物种，可联系农业部管理员（系统支持单位）由其在系统后台添加。

2. 功能权限　农业部管理员可以通过品种分配管理删除全国省市县各级用户账号的分配品种，修改、添加省级用户（包括部直属单位）的分配品种。

3. 操作方法　点击【品种分配管理｜添加】中的添加选项，选择分配的区域后，在可选报表框中选择报表（同时按下"Shift"键可以一次多选），点击向下的三角按钮，将选好的品种放入已选报表框，点击"确定"即可完成该区域的品种分配（图5-14）。农业部管理员还可以通过品种分配管理选项查看、修改、删除所选区域的分配品种。

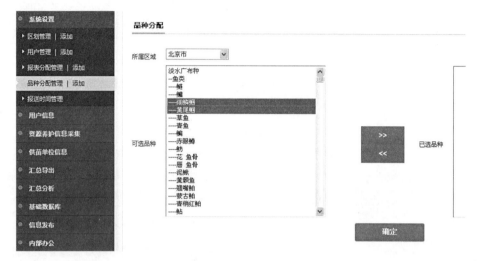

图5-14　品种分配界面

（五）报送时间管理

1. 报送时间设置　报送时间为报表填报用户上报基础报表和各级管理员审核的时间限制。该设置的作用在于约束用户按时完成相关工作。超过时间设置的范围，系统不再响应相应的用户操作。

2. 功能权限　农业部管理员可以通过报送时间管理设置各地报表报送的年份、报送的时间范围。

3. 操作方法　点击【报送时间管理】，选择报送年份，填写报送时间，点击"确定"即可。

二、用户信息

用户信息包括信息员列表、用户信息报送和修改密码等功能。

（一）信息员列表

1. 功能权限　农业部管理员可以通过信息员列表查看省级管理员和部直属单位用户信息员列表，以及各省下级单位用户信息员列表。

2. 具体操作　点击"信息员列表"可以在显示区显示所有报送人员的信息列表，可以通过显示区中的所属区域来进行检索，如图5-15所示。

3. 注意事项　该功能仅能检索和查看所属区域的信息员列表，如果需要修改、删除和添加信息员，需要通过系统设置中用户管理功能完成。

图5-15　信息员列表界面

（二）用户信息报送

1. **功能权限**　农业部管理员可以通过用户信息报送填写或修改农业部管理员账号信息。

2. **具体操作**　点击"用户信息报送"，依次填写单位名称、信息员、单位地址、邮政编码、手机号码、电子邮件、单位信息，再点击"确认保存"即可。其中，单位名称、信息员、单位地址、邮政编码、手机号码是必填项，未填写系统将无法保存。

3. **注意事项**　单位名称请认真填写单位完整名称。该信息将显示在系统登录界面欢迎栏，以及公告管理、工作动态管理的发布栏（图5-16）。填写正确的信息员名称和手机号码，以便工作联系和开展。

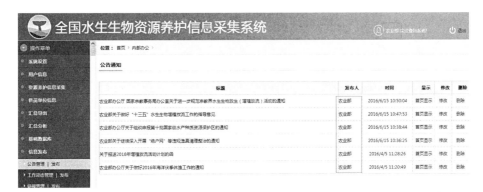

图5-16　单位名称显示界面

（三）修改密码

通过该功能可以修改用户自身密码。请各用户首次登录系统后及时修改初始密码，以保障用户信息安全。

三、资源养护信息采集

资源养护信息采集包括报表查看审核、需要审核报表、需要驳回报表和新增保护区等功能。资源养护基础报表报送基本流程为：报表填报用户上报→各级管理员逐级审核→农业部管理员审核通过（完成报送），见图5-17。如果上级管理员发现存在问题，可进行驳回，该功能非逐级驳回，而是直接驳回到报表填报用户，具体流程为：报表填报用户上报→上级管理员驳回→报表填报用户修改后再上报→各级管理员逐级审核→农业部管理员审核通过（完成报送）。如果报表填报用户已上报数据，但又发现数据存在问题需要修改，在该数据尚未经农业部审核通过的情况下可申请修改，具体流程为：报表填报用户申请修改→上级管理员驳回→报表填报用户修改后再上报→各级管理员逐级审核→农业部管理员审核通过（完成报送）。

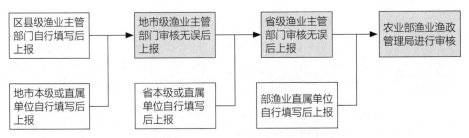

图5-17　资源养护基础报表报送基本流程

（一）报表查看审核

1. **功能设置**　通过该功能掌握各地基础报表报送情况，以行政区划为单位逐级查看基础报表的报送情况。

2. **功能权限**　农业部管理员可以通过报表查看审核，查看所有各地报送的数据，并将确认无误的通过省级审核的报表审核通过，存在问题的报表驳回。

3. **具体操作**　选择报送年份、报表点击查看，可以查看每一级的报送情况，见图5-18。应报情况栏中"应报"表示已分配相应报表的下级行政区划数量，"已报"表示已报送报表的行政区划数量。

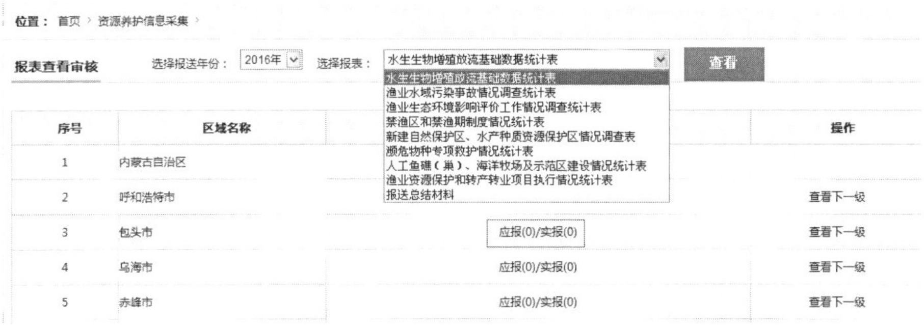

图5-18　报表查看审核初始界面

当点击"查看下一级"，页面出现"上级还未给您分配报表，请与上级主管部门联系！"对话框时，表示该行政区划还未分配基础报表，见图5-19。

图5-19　报表查看弹出菜单界面

当进入报送级时，可看到报送进展，见图5-20。报送情况"进度"包括未填报、保存、报送、市审核、省审核、部审核、驳回、申请修改8种状态。其中"未填报"指的是该行政区域已分配基础报表，但还未进行数据填报。"保存"指的是该行政区域已填写基础报表，但还未进行数据报送。"报送"指的是该行政区域已报送基础报表，但上级单位还未进行数据审核。"市审核"和"省审核"分别表示该行政区域报送的基础报表已通过市级管理员和省级管理员审核。"部审核"表示该行政区域报送的基础报表已通过农业部管理员审核，也表明基础报表报送工作已完成。"驳回"表示该行政区域报送的基础报表被上级单位驳回，需修改后重新上报。"申请修改"表示该行政区域申请修改已报送的基础报表。

11	兴安盟	应报(0)/实报(0)	查看下一级
12	锡林郭勒盟	应报(0)/实报(0)	查看下一级
13	阿拉善盟	应报(0)/实报(0)	查看下一级
14	区本级	应报(1)/实报(0) 进度：驳回	查看数据

图5-20 报表查看报送进展界面

点击"查看数据"按钮，可直接看到报送的数据，进行相应的操作，通过审核或驳回（图5-21）。

图5-21 报表查看报送数据界面

（二）需要审核报表

1．**功能设置** 该功能只显示需要农业部审核的基础报表数据，一般是通过省审核，或者部直属单位用户报送的基础报表。通过该功能方便农业部管理员对下级单位报送数据进行查看和审核。

2．**功能权限** 农业部管理员可以通过"需要审核报表"查看各地报送的需要审核报表，将确认无误的报表审核通过，存在问题的报表驳回。

3．**具体操作** 点击【需要审核报表】后选择报送年份和报送报表后点击查看，可看到下一级单位报送的数据，如果没有需要农业部管理员审核的数据，则会显示"没有符合您条件的信息！"如果存在数据，再点击"查看数据"（图5-22），进行审核或驳回操作（图5-23）。注意：审核只能逐级审核。

图5-22 需要审核报表初始界面

图5-23 需要审核报表审核界面

（三）需要驳回报表

1．功能设置 该功能只显示需要驳回的基础报表数据，一般是报表填报单位申请修改的基础报表。通过该功能方便农业部管理员对下级单位报送数据进行驳回。只要是报表填报单位提出申请修改，其上级行政区划的各级管理员均可进行驳回操作，即可以进行越级驳回。

2．功能权限 农业部管理员可以通过"需要驳回报表"查看各地报送的申请修改的报表，将申请修改的报表驳回。

3．具体操作 点击【需要驳回报表】后选择报送年份和报送报表后点击查看，可看到各报表填报用户申请修改的数据，如果各报表填报用户没有申请修改的数据，则会显示"没有符合您条件的信息！"。如果存在数据，再点击查看数据，进行驳回操作（图5-24）。

图5-24 需要驳回报表驳回界面

（四）新增保护区

1．功能设置 该功能可以增加水产种质资源保护区和水生生物自然保护区建设的历史数据。

2．功能权限 农业部管理员可以通过"新增保护区"功能录入2015年及以前的水产种质资源保护区和水生生物自然保护区建设的相关信息，同时也可以查看各个行政区划所属的水产种质资源保护区和水生生物自然保护区建设的历史数据。

3．具体操作　点击【新增保护区】后选择报送年份为2015年，再选择所属区划，填写相关信息后点击右端操作栏中的【保存】按钮，添加新的保护区数据，全部填写完以后点击"数据报送"完成新的保护区信息报送工作（图5-25）。该信息即进入水产种质资源保护区数据库或水生生物自然保护区数据库。如果要查看保护区的历史数据，也可以点击【新增保护区】后选择报送年份为2015年，再选择所属区划即可参考相关历史数据。

图5-25　新增保护区填写界面

四、供苗单位信息

供苗单位信息包括"单位管理/新增""中央财政增殖放流供苗单位列表"等功能。

（一）单位管理/新增

1．功能设置　该功能可以对单位所在地为本行政区划范围的各种增殖放流供苗单位进行管理。包括查看、审核、删除、修改本行政区划范围内的供苗单位，以及新增全国范围的供苗单位。增殖放流供苗单位指的是承担增殖放流苗种供应任务的苗种生产单位，包括各级财政和社会资金支持的增殖放流工作，供应的苗种不仅限于经济物种，还包括珍稀濒危物种。

2．功能权限　农业部管理员可以通过"单位管理"功能查看所有供苗单位信息，包括报送状态为审核通过、未报送、已报送、驳回申请的本行政区域内各种供苗单位。报送状态为"未报送"的供苗单位指的是企业已填报但未提交所属行政区域主管部门审核的供苗单位；"已报送"的供苗单位是指企业已填报并提交所属行政区域主管部门审核，但主管部门还未审核的供苗单位；"审核通过"的供苗单位指的是企业已填报并提交所属行政区域主管部门审核并且通过审核的供苗单位；"驳回申请"的供苗单位指企业已填报并提交所属行政区域主管部门审核，但主管部门予以驳回的供苗单位。农业部管理员通过"单位管理"功能可以对所有供苗单位信息进行修改和删除，可以通过"新增"功能自行新增供苗单位。

3．新增供苗单位的具体操作　点击【增加】可添加新的供苗单位（图5-26）。注意：可以添加本行政区域外的供苗单位，但在单位管理中默认状态查看不到，但可在所选区域检索栏中选择对应辖区即可查看到。

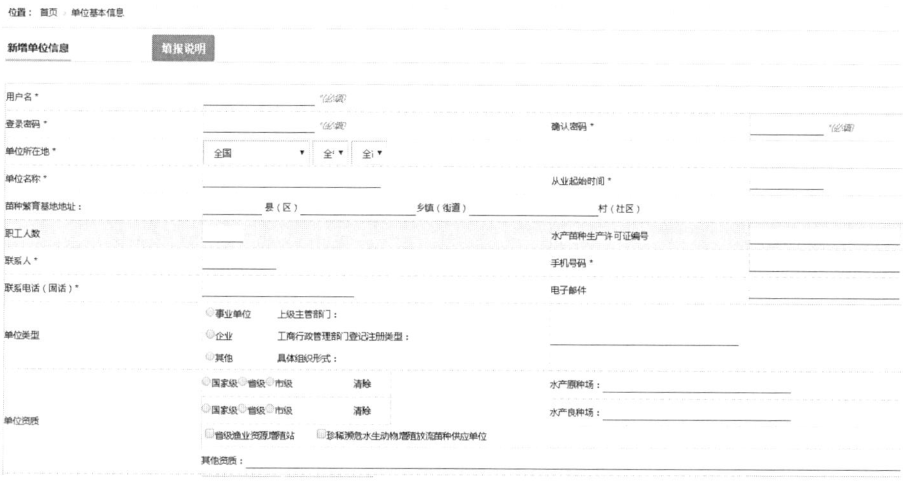

图5-26　新增供苗单位初始界面

供苗单位信息填报包括基本信息、其他信息、亲本信息、供苗能力、供苗任务5部分，需要依次填写，具体填写方法请点击每个填写页面上端的填报说明。基本信息页面填完后请点击页面下方的【保存】，继续填写供苗单位的其他信息。注意：用户名必须填写，否则系统会提示"用户名重复"。为方便记忆，避免与其他用户名重复，建议用户名使用供苗单位名称。如果使用供苗单位名称后，系统仍显示用户名重复，说明该供苗单位信息已有单位进行填写，请与系统管理员联系。其他信息填写完成后请点击页面下方的【保存】（图5-27），继续填写供苗单位的亲本信息。

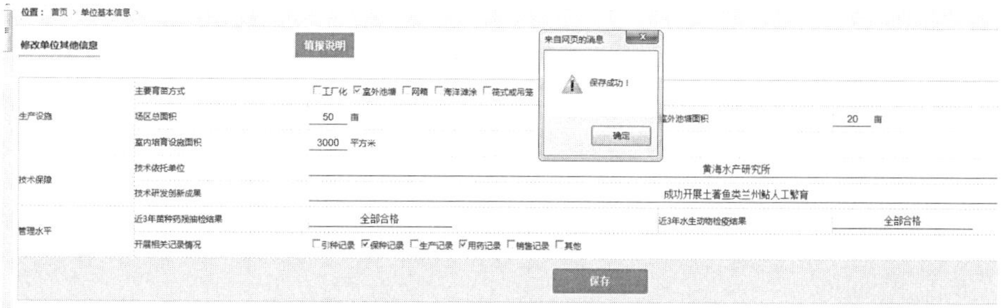

图5-27　新增供苗单位其他信息填写界面

请按基本信息页面填写的供苗种类依次填写每个种类的亲本情况，每填写完成一个种类的亲本情况请点击【保存】，继续填写下一个种类的亲本情况，全部种类的亲本情况填写完成后请点击【添加供苗能力】（图5-28）。

图5-28　新增供苗单位亲本信息填写界面

按照亲本情况的填写方法全部填写完成供苗能力情况后请点击【添加供苗任务】，继续填写每一个种类的年度增殖放流情况。按照亲本情况的填写方法全部填写完成供苗任务情况后，请点击【结束填写】即完成全部供苗单位信息的填写（图5-29），出现供苗单位信息修改审核页面，点击【审核通过】即审核通过供苗单位（图5-30）。系统页面返回供苗单位管理的初始界面。

图5-29　新增供苗单位供苗任务信息填写界面

图5-30　新增供苗单位提交审核界面

4．供苗单位管理的具体操作　如要对供苗单位信息进行修改或删除，点击【单位管理】可进入供苗单位管理的初始界面（图5-31）。可以选择供苗单位资质、所属行政区划、供苗单位关键字和报送状态对供苗单位进行检索。可以在操作栏点击"审核"和"驳回"对自行填写的供苗单位进行审核，点击"重置密码""基本信息""其他信息""亲本信息""供苗能力""供苗任务"对供苗单位的相应信息进行修改。

图5-31　供苗单位管理的初始界面

点击"导出"，系统将打开新页面显示苗种生产单位信息登记表，点击左上角的"导出为word"，可将当前信息保存为word文件并下载到客户端保存（图5-32）。

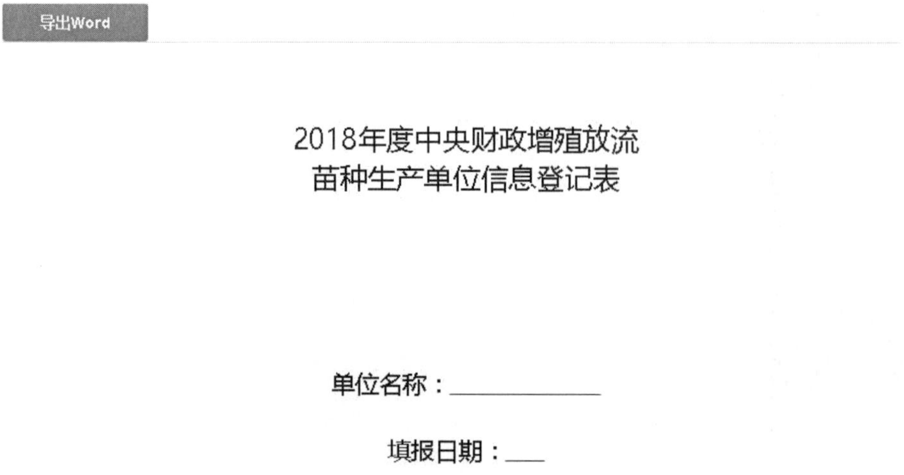

导出Word

2018年度中央财政增殖放流
苗种生产单位信息登记表

单位名称：_____

填报日期：____

图5-32 供苗单位管理的信息导出界面

在供苗单位管理的初始界面，点击"单位名称"栏相应的供苗单位名称，可进入供苗单位信息提交审核界面，同样也可以对供苗单位各项信息进行修改，以及导出供苗单位信息。

5．**注意事项** 农业部管理员可将供苗单位报送或自行新增的符合要求的供苗单位审核通过，不符合要求的进行驳回。但对供苗单位报送信息进行审核的权限和责任在于供苗单位所属的行政区划单位（一般为报表填报单位，也即基层填报单位），农业部管理员一般不应越级进行审核。

（二）中央财政增殖放流供苗单位列表

1．**功能设置** 该功能主要是为了查看本行政区划内各子单位中央财政增殖放流供苗单位自动汇总的总体情况，包括所属行政区划、单位名称、放流地点、放流时间、放流品种、放流数量、放流资金和中央投资金额等。

2．**功能权限** 农业部管理员可以通过"中央财政增殖放流供苗单位列表"功能查看各子单位中央财政增殖放流供苗单位自动汇总的总体情况。

3．**具体操作** 点击【中央财政增殖放流供苗单位列表】，选择所属年度及所属行政区划，再点击【检索】，就可以查看某一年度和某一行政区划中央财政增殖放流供苗单位自动汇总的情况（图5-33）。点击"单位名称"栏中的供苗单位名称可以查看年度中央财政增殖放流供苗单位的详细信息并可以导出为word文件。

图5-33　中央财政增殖放流供苗单位列表

五、专家库信息

专家库信息包括"专家管理/新增""专家推荐审核""推荐专家汇总"等功能。

（一）专家管理/新增

1．功能设置　该功能可以对单位所在地为本省行政区划范围的资源养护专家进行管理。包括查看、审核、删除、修改本省行政区划范围内的资源养护专家，以及新增全国范围的资源养护专家。

2．功能权限　农业部管理员可以通过"专家管理"功能查看所有专家单位信息，包括已审核、未审核、已驳回的各行政区域内所有专家信息（未审核的专家信息是指专家已填报并提交所属行政区域主管部门审核，但主管部门还未审核的专家信息；已审核的专家信息指的是指专家已填报并提交所属行政区域主管部门审核并且通过审核的专家信息；已驳回的专家信息指专家已填报并提交所属行政区域主管部门审核，但主管部门予以驳回的专家信息），并可以对所有专家信息进行修改和删除。农业部管理员可以通过"新增"功能自行新增专家信息。

3．新增资源养护专家的具体操作　点击【增加】可在全国范围内添加新的资源养护专家（图5-34）。

资源养护专家信息填报包括基本信息、工作学习经历信息、工作领域信息、联系信息、相关管理信息5部分，需要依次填写，具体填写方法请点击每个填写页面上端的填报说明。基本信息栏填完后可点击页面下方的【保存】，暂停填写。下次继续填写可打开"专家管理"功能找到所填写专家信息栏点击"修改"即可。注意：用户名和密码必须填写，否则系统会提示"用户名为空"。为方便记忆，避免与其他用户名重复，建议用户名使用专家姓名。如果使用专家姓名后，系统仍显示用户名重复，说明该专家已有其他人使用，请更换用户名。专家信息表填写必须在基本信息栏全部填完完毕后才能点击"保存"，否则下次继续填写可能在系统中找不到相关信息。

图5-34　新增资源养护专家初始界面

专家信息表所有信息填写完毕后，可点击保存（图5-35）。确认无误后，可点击提交即完成专家信息上报。点击"保存"或"提交"后可通过"专家管理"功能查看、修改和删除填写的专家信息。注意：部级资质认定一栏必须有部局正式文件作为依据才能进行选择认定。

图5-35　新增资源养护专家保存提交界面

4. 资源养护专家管理的具体操作　如要对资源养护专家信息进行修改或删除，点击【专家管理】可进入专家管理的初始界面（图5-36）。可以选择单位所在地、单位所属系统、单位性质、职称、性别、年龄、专业类别、工作领域、省级认定、部级认定、姓名等指标对资源养护专家进行检索。可以在操作栏点击"审核"和"驳回"对各省级单位和资源养护专家填写的专家信息进行审核，点击"重置密码""修改""删除"对资源养护专家信息进行相应操作。在导出栏点击"导出"可导出专家信息表word文件。

图5-36　资源养护专家管理的初始界面

5. 注意事项　农业部管理员可将省级管理员新增或专家自行填写的符合要求的专家信息审核通过，不符合要求的进行驳回。但对专家上报信息进行审核的权限和责任在于省级管理员，农业部管理员一般不宜越级审核。

（二）专家推荐审核

1. 功能设置　专家推荐上报指的是省级渔业行政主管部门（包括部直属单位）从全国水生生物资源养护专家信息库中遴选较高水平的专家进行上报。具体流程为：省级渔业行政主管部门（包括部直属单位）遴选资源养护专家上报→农业部审核。"专家推荐审核"就是为了实现农业部审核功能而设定。

2. 功能权限　农业部管理员可以通过"专家推荐审核"功能查看省级渔业行政主管部门（包括部直属单位）报送需要审核的推荐专家。并可将各地报送的符合要求的推荐专家信息审核通过，不符合要求的进行驳回。

3. 具体操作　点击【专家推荐审核】右边显示区会出现省级渔业行政主管部门（包括部直属单位）已经上报的推荐专家信息，可以在操作栏进行审核或者驳回（图5-37）。点击"已推荐专家"栏的专家名称可查看推荐专家的具体信息。并可通过信息状态栏查看处于不同报送状态的推荐专家信息。省级渔业行政主管部门（包括部直属单位）上报推荐专家信息状态包括已保存、已报送、部审核、部驳回4种状态。"已保存"表示省级渔业行政主管部门（包括部直属单位）

已选择需要上报的专家信息并保存，但还未上报；"已报送"表示省级渔业行政主管部门（包括部直属单位）已选择需要上报的专家并上报，但农业部还未审核；"部审核"表示省级渔业行政主管部门（包括部直属单位）报送的推荐专家信息农业部管理员已审核通过，推荐专家上报工作已完成；"部驳回"表示省级渔业行政主管部门（包括部直属单位）报送的推荐专家信息农业部管理员已予以驳回。

图5-37　专家推荐审核界面

（三）推荐专家汇总

1. 功能设置　该功能主要是为了查看各地上报推荐专家的总体情况，对专家信息进行汇总分析，并可导出上报供苗单位的具体信息。

2. 功能权限　农业部管理员可以通过"推荐专家汇总"功能查看全国各地报送的推荐专家信息情况，并可通过信息检索栏查看不同类型的专家信息。此外，点击具体专家名称可以查看上报推荐专家的详细信息，并可以导出为word文件。

3. 具体操作　点击【推荐专家汇总】，选择单位所在地、单位所属系统、单位性质、职称、性别、年龄、所属类别、推荐工作领域、省级认定、部级认定、姓名等指标，可以查看省级单位上报的不同类型的推荐专家信息（图5-38）。点击"姓名"栏中的专家姓名可以查看专家的详细信息，并可以导出为word文件。

图5-38　推荐专家汇总初始界面

六、汇总导出

（一）功能设置

该栏目包括汇总导出本行政区域内《海洋生物资源增殖放流统计表》《淡水物种增殖放流统计表》《珍稀濒危水生野生动物增殖放流统计表》《水生生物增殖放流基础数据统计表》《渔业污染事故情况调查统计表》《渔业生态环境影响评价工作情况调查统计表》《禁渔区和禁渔期制度实施情况统计表》《新建自然保护区和水产种质资源保护区情况调查统计表》《濒危物种专项救护情况调查统计表》《人工鱼礁（巢）/海洋牧场示范区建设情况统计表》《农业资源及生态保护补助项目增殖放流情况统计表》《中央财政增殖放流供苗单位汇总表》12个统计表的功能。打开《中央财政增殖放流供苗单位汇总表》，点击单位名称栏中的每一个供苗单位名称可以查看中央财政增殖放流供苗单位的详细信息，并可以导出《中央财政增殖放流苗种生产单位信息登记表》。这13个统计表反映了行政区域内年度资源养护工作的基本情况，供相关行政主管部门备案和参考。

（二）功能权限

通过该功能可以汇总导出报表填报单位报送的已经审核或未经审核的各个基础报表。原则上只要该行政区域已分配填报报表，即使还未填写相关信息，也可以进行汇总导出操作。

（三）具体操作

1. 海洋生物资源增殖放流统计表　该汇总统计表主要反映某个行政区划分配的各种海水物种放流情况。点击页面左端"海洋生物资源增殖放流统计表"，选择需要汇总统计的时间、区域、报表上报状态（已审核、未审核），再点击"汇总"，系统将在页面显示相关汇总统计信息。点击"导出Excel"，系统弹出下载对话框，点击"下载"，可将统计汇总表保存在客户端上（图5-39）。注意："已审核"指的是相关报表填报单位上报的基础报表已通过上级部门审核，"未审核"指的是相关报表填报单位上报的基础报表还未通过上级部门审核。汇总导出的物种依据上级单位为该行政区域分配的放流品种，而不是实际放流的所有物种。

图5-39　海洋生物资源增殖放流统计表下载界面

　　如果点击页面左端"海洋生物资源增殖放流统计表"，选择需要汇总统计的时间、区域，再点击"汇总"，系统弹出"该地区还未分配品种"对话框（图5-40），则表示该地区还未分配品种，无法进行汇总统计。如果系统未能显示任何品种数据，仅显示合计，则表示该区域已进行品种分配，但未分配海水物种。如果系统显示品种数据，但其相关数据均为空白（图5-41），则表示该区域已分配海水物种，但未分配增殖放流数据数据统计报表，或已分配海水物种和增殖放流数据数据统计报表，但未报送年度海水物种增殖放流相关数据。如果系统显示多个品种数据，但部分数据为空白，则表示该区域已分配海水物种和增殖放流数据数据统计报表，并且已报送年度海水物种增殖放流相关数据，但部分品种未填报增殖放流数据。

图5-40　海洋生物资源增殖放流统计表汇总报错界面

　　2. 淡水物种增殖放流统计表　该汇总统计表主要反映某个行政区划分配的各种淡水物种（包括淡水广布种和淡水区域种）放流情况。点击页面左端"淡

图5-41　海洋生物资源增殖放流统计表汇总数据空白界面

水物种增殖放流统计表",选择需要汇总统计的时间、区域、报表上报状态(已审核、未审核),再点击"汇总",系统将在页面显示相关汇总统计信息(图5-42)。点击"导出Excel",系统弹出下载对话框,点击"下载",可将统计汇总表保存在客户端上。注意:"已审核"指的是相关报表填报单位上报的基础报表已通过上级部门审核,"未审核"指的是相关报表填报单位上报的基础报表还未通过上级部门审核。汇总导出的物种依据上级单位为该行政区域分配的放流品种,而不是实际的放流物种。如果点击页面左端"淡水物种增殖放流统计表",选择需要汇总统计的时间、区域,再点击"汇总",系统弹出"该地区还未分配品种"对话框,则表示该地区还未分配品种,无法进行汇总统计。

图5-42　淡水物种增殖放流统计表汇总界面

如果点击页面左端"淡水物种增殖放流统计表",选择需要汇总统计的时间、区域，再点击"汇总"，系统弹出"该地区还未分配品种"对话框，则表示该地区还未分配品种，无法进行汇总统计。

3. 珍稀濒危水生野生动物增殖放流统计表 该汇总统计表主要反映某个行政区划分配的各种珍稀濒危物种放流情况。点击页面左端"珍稀濒危水生野生动物增殖放流统计表"，选择需要汇总统计的时间、区域、报表上报状态（已审核、未审核），再点击"汇总"，系统将在页面显示相关汇总统计信息。点击"导出Excel"，系统弹出下载对话框，点击"下载"，可将统计汇总表保存在客户端上。注意："已审核"指的是相关报表填报单位上报的基础报表已通过上级部门审核，"未审核"指的是相关报表填报单位上报的基础报表还未通过上级部门审核。汇总导出的物种依据上级单位为该行政区域分配的放流品种，而不是实际的放流的物种。如果点击页面左端"珍稀濒危水生野生动物增殖放流统计表"，选择需要汇总统计的时间、区域，再点击"汇总"，系统弹出"该地区还未分配品种"对话框，则表示该地区还未分配品种，无法进行汇总统计。

4. 水生生物增殖放流基础数据统计表 该汇总统计表主要反映某个行政区划内各个分配水域的各种物种的具体放流情况。点击页面左端"水生生物增殖放流基础数据统计表"，选择需要汇总统计的时间、区域、报表上报状态（已审核、未审核），再点击"汇总"，系统将在页面显示相关汇总统计信息。点击"导出Excel"，系统弹出下载对话框，点击"下载"，可将统计汇总表保存在客户端上。注意：统计的重点在于放流水域。不同批次、不同单位组织的放流活动如果放流地点相同，相关数据均被统计在同一放流水域下（图5-43）。

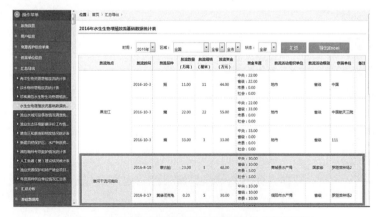

图5-43 水生生物增殖放流基础数据统计表汇总界面

如果点击页面左端“水生生物增殖放流基础数据统计表”，选择需要汇总统计的时间、区域，再点击“汇总”，系统在页面显示相关汇总统计信息为空白（图5-44），则表示该行政区划未填报增殖放流基础报表。

系统设置
用户信息
资源养护信息采集
供苗单位信息
汇总导出
海洋生物资源增殖放流统计表
淡水物种增殖放流统计表
珍稀濒危水生野生动物增殖放...
水生生物增殖放流基础数据统...
渔业水域污染事故情况调查统...
2016年内蒙古自治区呼和浩特市玉泉区水生生物增殖放流基础数据统计表
时间：2016年 区域：内蒙古自治区 呼和浩特市 玉泉区 状态：全部
汇总
导出Excel
放流地点
放流时间
放流品种
放流数量（万尾）
放流规格（厘米）
放流资金（万元）
资金来源
放流活动组织单位
放流活动级别
供苗单位
填表单位：（盖章）
填表人：
联系电话：
填表日期：

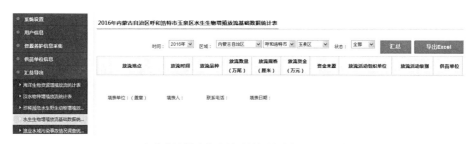

图5-44　水生生物增殖放流基础数据统计表汇总信息空白界面

5．**渔业水域污染事故情况调查统计表**　该汇总统计表主要反映年度该行政区域内渔业水域污染事故的基本情况。点击页面左端“渔业水域污染事故情况调查统计表”，选择需要汇总统计的时间、区域、报表上报状态（已审核、未审核），再点击“汇总”，系统将在页面显示相关汇总统计信息。点击“导出Excel”，系统弹出下载对话框，点击“下载”，可将统计汇总表保存在客户端上。如果点击页面左端“渔业水域污染事故情况调查统计表”，选择需要汇总统计的时间、区域，再点击“汇总”，系统在页面显示相关汇总统计信息为空白（图5-45），则表示该行政区划未填报渔业水域污染事故情况调查基础报表。

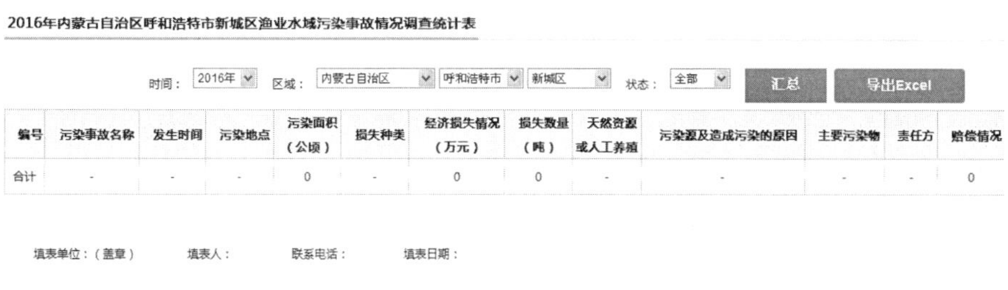

2016年内蒙古自治区呼和浩特市新城区渔业水域污染事故情况调查统计表
时间：2016年 区域：内蒙古自治区 呼和浩特市 新城区 状态：全部
汇总
导出Excel
编号
污染事故名称
发生时间
污染地点
污染面积（公顷）
损失种类
经济损失情况（万元）
损失数量（吨）
天然资源或人工养殖
污染源及造成污染的原因
主要污染物
责任方
赔偿情况
合计 - - - 0 - 0 0 - - - - 0
填表单位：（盖章）
填表人：
联系电话：
填表日期：

图5-45　渔业水域污染事故情况调查统计表汇总信息空白界面

6．**渔业生态环境影响评价工作情况调查统计表**　该汇总统计表主要反映年度该行政区域内渔业生态环境影响评价工作的基本情况。点击页面左端“渔业生态环境影响评价工作情况调查统计表”，选择需要汇总统计的时间、区域、报表上报状态（已审核、未审核），再点击"汇总"，系统将在页面显示相关汇总统计信息。点击"导出Excel"，系统弹出下载对话框，点击"下载"，可将统计汇总表保存在客户端上。如果点击页面左端"渔业生态环境影响评价工作情况调查统计表"，选择需要汇总统计的时间、区域，再点击"汇总"，系统在页面显示相关汇总统计信息为空白（图5-46），则表示该行政区划未填报渔业生态环境影响评价工作情况调查基础报表。

图5-46　渔业生态环境影响评价工作情况调查统计表汇总信息空白界面

7. **禁渔区和禁渔期制度实施情况统计表**　该汇总统计表主要反映年度该行政区域内禁渔期和禁渔区制度实施的基本情况。点击页面左端"禁渔区和禁渔期制度实施情况统计表"，选择需要汇总统计的时间、区域、报表上报状态（已审核、未审核），再点击"汇总"，系统将在页面显示相关汇总统计信息。点击"导出Excel"，系统弹出下载对话框，点击"下载"，可将统计汇总表保存在客户端上。如果点击页面左端"禁渔区和禁渔期制度实施情况统计表"，选择需要汇总统计的时间、区域，再点击"汇总"，系统在页面显示相关汇总统计信息为空白，则表示该行政区划未填报禁渔区和禁渔期制度实施情况基础报表。

8. **新建自然保护区、水产种质资源保护区情况调查统计表**　该汇总统计表主要反映年度该行政区域内新建（晋升）自然或水产种质资源保护区的基本情况。点击页面左端"新建自然保护区、水产种质资源保护区情况调查统计表"，选择需要汇总统计的时间、区域、报表上报状态（已审核、未审核），再点击"汇总"，系统将在页面显示相关汇总统计信息。点击"导出Excel"，系统弹出下载对话框，点击"下载"，可将统计汇总表保存在客户端上。如果点击页面左端

"新建自然保护区、水产种质资源保护区情况调查统计表"，选择需要汇总统计的时间、区域，再点击"汇总"，系统在页面显示相关汇总统计信息为空白，则表示该行政区划未填报新建自然保护区、水产种质资源保护区情况调查基础报表。

9. 濒危物种专项救护情况统计表　该汇总统计表主要反映年度内该行政区域内濒危物种专项救护工作的基本情况。点击页面左端"濒危物种专项救护情况统计表"，选择需要汇总统计的时间、区域、报表上报状态（已审核、未审核），再点击"汇总"，系统将在页面显示相关汇总统计信息。点击"导出Excel"，系统弹出下载对话框，点击"下载"，可将统计汇总表保存在客户端上。如果点击页面左端"濒危物种专项救护情况统计表"，选择需要汇总统计的时间、区域，再点击"汇总"，系统在页面显示相关汇总统计信息为空白，则表示该行政区划未填报濒危物种专项救护情况基础报表。

10. 人工鱼礁（巢）/海洋牧场示范区建设情况统计表　该汇总统计表主要反映年度该行政区域内人工鱼礁（巢）/海洋牧场示范区建设的基本情况。点击页面左端"人工鱼礁（巢）/海洋牧场示范区建设情况统计表"，选择需要汇总统计的时间、区域、报表上报状态（已审核、未审核），再点击"汇总"，系统将在页面显示相关汇总统计信息。点击"导出Excel"，系统弹出下载对话框，点击"下载"，可将统计汇总表保存在客户端上。如果点击页面左端"人工鱼礁（巢）/海洋牧场示范区建设情况统计表"，选择需要汇总统计的时间、区域，再点击"汇总"，系统在页面显示相关汇总统计信息为空白，则表示该行政区划未填报人工鱼礁（巢）/海洋牧场示范区建设情况基础报表。

11. 农业资源及生态保护补助项目增殖放流情况统计表　该汇总统计表主要反映年度内该行政区域农业资源及生态保护补助项目增殖放流的基本情况。点击页面左端"农业资源及生态保护补助项目增殖放流情况统计表"，选择需要汇总统计的时间、区域、报表上报状态（已审核、未审核），再点击"汇总"，系统将在页面显示相关汇总统计信息。点击"导出Excel"，系统弹出下载对话框，点击"下载"，可将统计汇总表保存在客户端上。如果点击页面左端"农业资源及生态保护补助项目增殖放流情况统计表"，选择需要汇总统计的时间、区域，再点击"汇总"，系统在页面显示相关汇总统计信息为空白（图5-47），则表示该行政区划未填报农业资源及生态保护补助项目增殖放流情况基础报表。

图5-47 农业资源及生态保护补助项目增殖放流情况统计表汇总信息空白界面

12. 年度中央财政增殖放流供苗单位汇总表 该汇总统计表主要反映年度中央财政增殖放流苗种生产单位的基本情况。点击"中央财政增殖放流供苗单位列表",选择需要汇总统计的所属区域(只能选择该省级行政区划,地市行政区划)、资质、报表上报状态(已审核、未审核)、苗种类别、苗种种类、所属年度,再点击"汇总",系统将在页面显示相关汇总统计信息(图5-48)。点击"导出Excel",系统弹出下载对话框,点击"下载",可将统计汇总表保存在客户端上。点击"单位名称"栏中的每一个供苗单位名称可以查看年度中央财政增殖放流供苗单位的详细信息并可以导出《年度中央财政增殖放流苗种生产单位信息登记表》。注意:苗种种类检索的数据是供苗单位基本情况中的供苗种类,并非亲本情况、供苗能力以及承担增殖放流任务中的供苗种类。

图5-48 年度中央财政增殖放流供苗单位汇总表汇总界面

如果点击页面左端"年度中央财政增殖放流供苗单位汇总表"，选择需要汇总统计的时间、区域，其他状态均为全部的情况，再点击"汇总"，系统在页面显示相关汇总统计信息为"没有符合要求的数据"（图4-49），则表示该行政区划未上报年度增殖放流苗种供应单位。

图5-49　年度中央财政增殖放流苗种供应单位情况汇总表汇总信息空白界面

如果通过汇总，系统在页面显示相关汇总统计信息中某个供苗单位的详细信息栏为"没有符合要求的数据"（图5-50），则表示该供苗单位的亲本情况、苗种供应能力、承担增殖放流任务情况等3项信息至少有一项未填写。

图5-50　年度中央财政增殖放流苗种供应单位情况汇总表汇总信息缺失界面

注意：苗种种类检索的数据是供苗单位基本情况中的供苗种类，并非亲本情况、供苗能力以及承担增殖放流任务中的供苗种类。也就是说，如果一个上报的年度供苗单位基本情况中没有填写X品种，即便亲本情况、供苗能力以及承担增殖放流任务中均有X品种的数据，通过该表苗种种类X汇总，系统将不会显示该供苗单位。

七、汇总分析

（一）功能设置

该栏目包括汇总导出本行政区域内《各地区增殖放流关键数据汇总分析表》《各水域增殖放流基础数据汇总分析表》《海洋生物资源增殖放流汇总分析表》《淡水广布种增殖放流汇总分析表》《淡水区域种增殖放流汇总分析表》《珍稀濒危物种增殖放流汇总分析表》《增殖放流供苗单位各品种亲本情况汇总分析表》《增殖放流供苗单位各品种供苗能力汇总分析表》《各区域增殖放流水域面积汇总分析表》9个汇总分析表的功能。这9个汇总分析表主要对资源养护相关工作情况进行整理汇总，重点突出在增殖放流基础数据和供苗管理方面进行深入分析，为相关工作的规范开展和持续发展提供参考。

（二）功能权限

通过该功能可以对报表填报单位报送的已经审核或未经审核的各个基础报表数据进行深入分析，并且可以汇总导出。原则上只有该行政区域已分配填报报表，即使还未填写相关信息，也可以进行汇总导出操作。

（三）具体操作

1. **各地区增殖放流关键数据汇总分析表** 该表的主要功能是对该行政区域及各下级行政区划的放流总体情况（放流数量和资金）进行比较，也可以对各品种大类的放流情况进行比较。点击页面左端"各地区增殖放流关键数据汇总分析表"，选择需要汇总分析的所属年度、所属区域、品种大类、报表上报状态（已审核、未审核）、区域级别，再点击"汇总"，系统将在页面显示相关汇总分析信息（图5-51）。点击"导出Excel"，系统弹出下载对话框，点击"下载"，可将统计分析表保存在客户端上。注意：区域级别表示的是统计层级。区域级别为一级，统计区域则仅仅为本级行政区划；区域级别为二级，统计区域则为本级行政区划和下一级行政区划（子一级行政区划）；区域级别为三级，统计区域则为本级行政区划、下一级行政区划（子一级行政区划）以及下下一级行政区划（子二级行政区划）。

图5-51　各地区增殖放流关键数据汇总分析表汇总界面

2. 海洋生物资源增殖放流汇总分析表　该表的主要功能是对该行政区域及各下级行政区划放流的各种海洋物种情况（放流数量和资金）进行比较，既可以比较同一物种不同区域的放流情况，也可以比较同一区域不同物种的放流情况。点击页面左端"海洋生物资源增殖放流汇总分析表"，选择需要汇总分析的所属年度、所属区域、海水物种大类、报表上报状态（已审核、未审核）、区域级别，再点击"汇总"，系统将在页面显示相关汇总分析信息（图5-52）。点击"导出Excel"，系统弹出下载对话框，点击"下载"，可将统计分析表保存在客户端上。如果点击"汇总"，系统页面弹出对话框"该地区没有分配此类别下的品种"（图5-53），说明该地区未被分配所选类别物种。注意：区域级别表示的是统计层级。区域级别为一级，统计区域则仅仅为本级行政区划；区域级别为二级，统计区域则为本级行政区划和下一级行政区划（子一级行政区划）；区域级别为三级，统计区域则为本级行政区划、下一级行政区划（子一级行政区划）以及下下一级行政区划（子二级行政区划）。

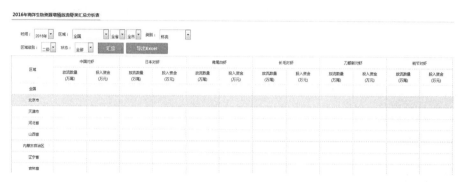

图5-52　海洋生物资源增殖放流汇总分析表汇总界面

图5-53　海洋生物资源增殖放流汇总分析表汇总弹出界面

3. 淡水广布种增殖放流汇总分析表　该表的主要功能是对该行政区域及各下级行政区划的放流的各种淡水广布种情况（放流数量和资金）进行比较，既可以比较同一物种不同区域的放流情况，也可以比较同一区域不同物种的放流情况。点击页面左端"淡水广布种增殖放流汇总分析表"，选择需要汇总分析的所属年度、所属区域、淡水广布种大类、报表上报状态（已审核、未审核）、区域级别，再点击"汇总"，系统将在页面显示相关汇总分析信息（图5-54）。点击"导出Excel"，系统弹出下载对话框，点击"下载"，可将统计分析表保存在客户端上。注意：区域级别表示的是统计层级。区域级别为一级，统计区域则仅仅为本级行政区划；区域级别为二级，统计区域则为本级行政区划和下一级行政区划

（子一级行政区划）；区域级别为三级，统计区域则为本级行政区划、下一级行政区划（子一级行政区划）以及下下一级行政区划（子二级行政区划）。

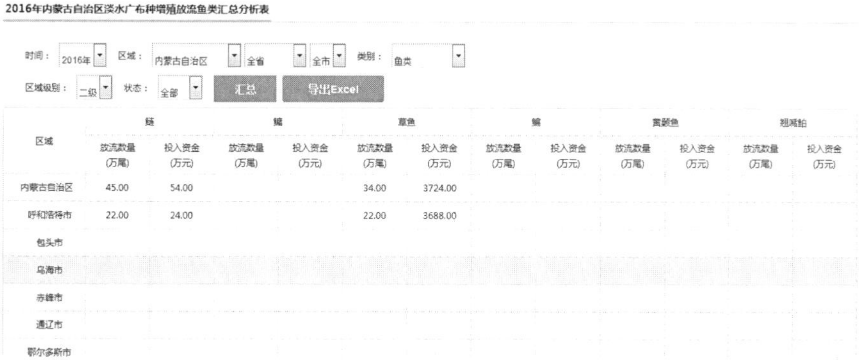

2016年内蒙古自治区淡水广布种增殖放流鱼类汇总分析表

时间：2016年　区域：内蒙古自治区　全省　全市　类别：鱼类

区域级别：二级　状态：全部　汇总　导出Excel

区域	鲢		鳙		草鱼		鳊		黄颡鱼		翘嘴鲌	
	放流数量(万尾)	投入资金(万元)	放流数量(万尾)	投入资金(万元)	放流数量(万尾)	投入资金(万元)	放流数量(万尾)	投入资金(万元)	放流数量(万尾)	投入资金(万元)	放流数量(万尾)	投入资金(万元)
内蒙古自治区	45.00	54.00			34.00	3724.00						
呼和浩特市	22.00	24.00			22.00	3688.00						
包头市												
乌海市												
赤峰市												
通辽市												
鄂尔多斯市												

图5-54　淡水广布种增殖放流汇总分析表汇总界面

4. 淡水区域种增殖放流汇总分析表　该表的主要功能是对该行政区域及各下级行政区划放流的各种淡水区域种情况（放流数量和资金）进行比较，既可以比较同一物种不同区域的放流情况，也可以比较同一区域不同物种的放流情况。点击页面左端“淡水广布种增殖放流汇总分析表”，选择需要汇总分析的所属年度、所属区域、淡水区域种大类、报表上报状态（已审核、未审核）、区域级别，再点击“汇总”，系统将在页面显示相关汇总分析信息（图5-55）。点击“导出Excel”，系统弹出下载对话框，点击“下载”，可将统计分析表保存在客户端上。

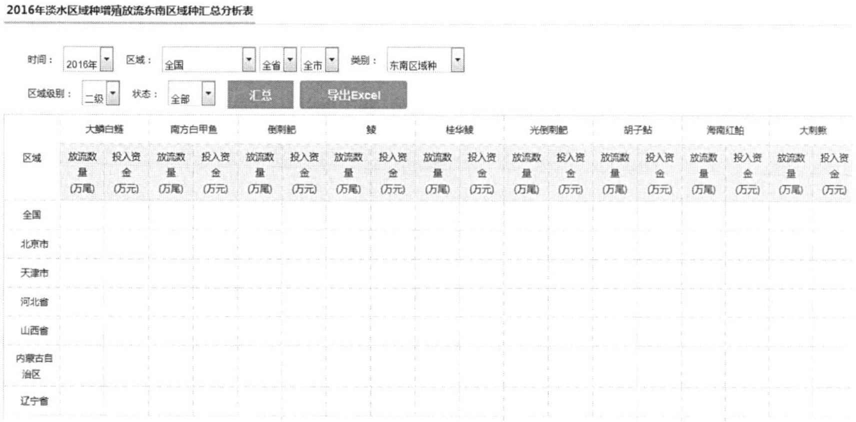

2016年淡水区域种增殖放流东南区域种汇总分析表

时间：2016年　区域：全国　全省　全市　类别：东南区域种

区域级别：二级　状态：全部　汇总　导出Excel

区域	大鳞白鲢		南方白甲鱼		倒刺鲃		鲮		桂华鲮		光倒刺鲃		胡子鲇		海南红鲌		大刺鳅	
	放流数量(万尾)	投入资金(万元)	放流数量(万尾)	投入资金(万元)	放流数量(万尾)	投入资金(万元)	放流数量(万尾)	投入资金(万元)	放流数量(万尾)	投入资金(万元)	放流数量(万尾)	投入资金(万元)	放流数量(万尾)	投入资金(万元)	放流数量(万尾)	投入资金(万元)	放流数量(万尾)	投入资金(万元)
全国																		
北京市																		
天津市																		
河北省																		
山西省																		
内蒙古自治区																		
辽宁省																		

图5-55　淡水区域种增殖放流汇总分析表汇总界面

注意：区域级别表示的是统计层级。区域级别为一级，统计区域则仅仅为本级行政区划；区域级别为二级，统计区域则为本级行政区划和下一级行政区划（子一级行政区划）；区域级别为三级，统计区域则为本级行政区划、下一级行政区划（子一级行政区划）以及下下一级行政区划（子二级行政区划）。

5. **珍稀濒危物种增殖放流汇总分析表** 该表的主要功能是对该行政区域及各下级行政区划的放流的各种珍稀濒危物种情况（放流数量和资金）进行比较，既可以比较同一物种不同区域的放流情况，也可以比较同一区域不同物种的放流情况。点击页面左端"珍稀濒危物种增殖放流汇总分析表"，选择需要汇总分析的所属年度、所属区域、珍稀濒危物种大类、报表上报状态（已审核、未审核）、区域级别，再点击"汇总"，系统将在页面显示相关汇总分析信息（图5-56）。点击"导出Excel"，系统弹出下载对话框，点击"下载"，可将统计分析表保存在客户端上。注意：区域级别表示的是统计层级。区域级别为一级，统计区域则仅仅为本级行政区划；区域级别为二级，统计区域则为本级行政区划和下一级行政区划（子一级行政区划）；区域级别为三级，统计区域则为本级行政区划、下一级行政区划（子一级行政区划）以及下下一级行政区划（子二级行政区划）。

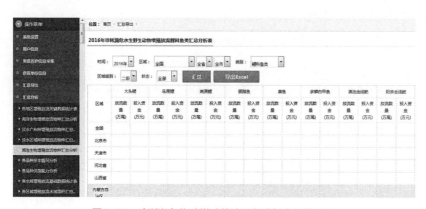

图5-56 珍稀濒危物种增殖放流汇总分析表汇总界面

6. **增殖放流供苗单位各品种亲本情况汇总分析表** 该表的主要功能是分析该行政区域及各下级行政区划范围内的增殖放流供苗单位的各品种亲本情况，为科学评估该行政区域及各下级行政区划的增殖放流各品种供苗能力提供参考。既可以查看特定行政区划某个放流品种的亲本情况，也可以对特定行政区划各种放流品种的亲本情况进行比较，了解掌握各种放流品种的亲本情况。点击页面左端

"各品种亲本情况分析",选择需要汇总分析的所属区域、苗种类别、苗种种类,再点击"汇总",系统将在页面显示相关汇总分析信息(图5-57)。如果点击"汇总",系统页面显示"没有符合要求的数据",则表明该行政区域的供苗单位不能提供所选择的供苗种类,即没有相关种类的供苗能力。注意:此处汇总的供苗单位属于增殖放流供苗单位,非各地上报的年度中央财政增殖放流供苗单位。

图5-57　增殖放流供苗单位各品种亲本情况汇总分析表汇总界面

7. 增殖放流供苗单位各品种供苗能力汇总分析表　该表的主要功能是分析该行政区域及各下级行政区划范围内的增殖放流供苗单位的各品种苗种供应情况,为科学评估该行政区域及各下级行政区划的增殖放流各品种供苗能力提供参考。既可以查看特定行政区划某个放流品种的亲苗种供应情况,也可以对特定行政区划各种放流品种的苗种供应能力进行比较,了解掌握各种放流品种的苗种供应情况。点击页面左端"各品种供苗能力分析",选择需要汇总分析的所属区域、苗种类别、苗种种类,再点击"汇总",系统将在页面显示相关汇总分析信息(图5-58)。注意:此处汇总的供苗单位属于增殖放流供苗单位,非各地上报的年度中央财政增殖放流供苗单位。

图5-58　增殖放流供苗单位各品种供苗能力汇总分析表汇总界面

8．各水域增殖放流基础数据汇总分析表 该表的主要功能是打破行政区域界限，以水域划分的视角来分析全国各水域增殖放流的基本情况，为相关部门科学评估该水域增殖放流效果提供参考。既可以查看全国各大片区（东北、华北、渤海、东海等）增殖放流的基本情况，也可以查看全国各种地点类型（重要江河、重要湖泊、重要水库、重要海域等）增殖放流的基本情况，还可以查看全国各所属水域划分（流域、水系、海区等）增殖放流的基本情况，还可以查看具体规划放流地点增殖放流的基本情况。点击页面左端“各水域增殖放流基础数据汇总分析表”，选择需要汇总分析的所属年度、所属片区、地点类型、所属水域划分、具体水域、报表上报状态（已审核、未审核），再点击“汇总”，系统将在页面显示相关汇总分析信息（图5-59）。注意：这项功能没有所属行政区划的权限限制，系统所有用户均可查看全国各水域的增殖放流基本情况。如果点击“汇总”，系统页面显示“没有符合要求的数据”，则表明该行政区域的供苗单位不能提供所选择的的供苗种类，即没有相关种类的供苗能力。

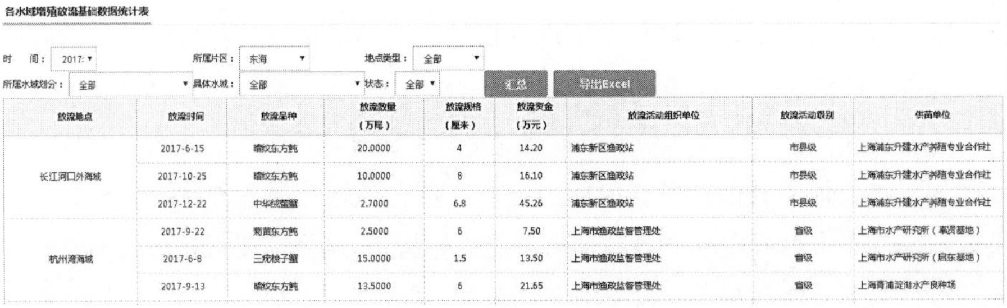
各水域增殖放流基础数据统计表

时　间：2017 ▾　所属片区：东海 ▾　地点类型：全部 ▾
所属水域划分：全部 ▾　具体水域：全部 ▾　状态：全部 ▾　汇总　导出Excel

放流地点	放流时间	放流品种	放流数量（万尾）	放流规格（厘米）	放流资金（万元）	放流活动组织单位	放流活动级别	供苗单位
长江河口外海域	2017-6-15	暗纹东方鲀	20.0000	4	14.20	浦东新区渔政站	市县级	上海浦东升建水产养殖专业合作社
	2017-10-25	暗纹东方鲀	10.0000	8	16.10	浦东新区渔政站	市县级	上海浦东升建水产养殖专业合作社
	2017-12-22	中华绒螯蟹	2.7000	6.8	45.26	浦东新区渔政站	市县级	上海浦东升建水产养殖专业合作社
杭州湾海域	2017-9-22	菊黄东方鲀	2.5000	6	7.50	上海市渔政监督管理处	省级	上海市水产研究所（奉贤基地）
	2017-6-8	三疣梭子蟹	15.0000	1.5	13.50	上海市渔政监督管理处	省级	上海市水产研究所（启东基地）
	2017-9-13	暗纹东方鲀	13.5000	6	21.65	上海市渔政监督管理处	省级	上海青浦淀湖水产良种场

图5-59　各水域增殖放流基础数据汇总分析表汇总界面

如果通过汇总，系统在页面显示相关汇总统计信息为空白（图5-38），则表示该水域（包括所属片区、地点类型、所属水域划分、具体水域）本年度各单位未报送增殖放流基础信息（图5-60）。

9．各区域增殖放流水域面积汇总分析表 该表的主要功能是查看本行政区划或下级行政区划增殖放流规划水域及面积。规划水域的数据来源于《农业部关于做好“十三五”水生生物增殖放流工作的指导意见》（以下简称《指导意见》）附表，此外根据实际情况添加了非规划水域。具体规划水域数据情况见《增殖放流基础数据库》相关材料。目前，系统已根据《指导意见》附表自动为省级行政区划分配了放流水域。各省如果需要增加《指导意见》附表外的放流水域，可联系农业部管理员（系统支持单位）由其在系统后台添加。点击页面左端"各区域增殖放流水域面积汇总分析表"，选择需要汇总分析的行政区划、地点类型，再点击"汇总"，系统将在页面显示相关汇总分析信息（图5-61）。

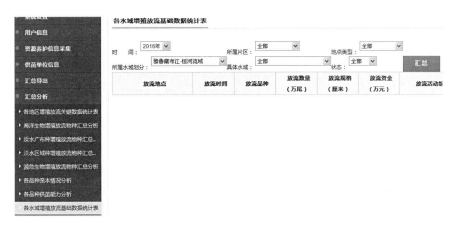

图5-60　各水域增殖放流基础数据汇总分析表汇总空白界面

内蒙古自治区各区域增殖放流水域面积汇总分析表

区域：　内蒙古自治区　全省　全市　地点类型：　所有　　汇总

区域	规划水域名称	包括的重要规划水域面积（千米²）或重要规划河流长度（千米）
内蒙古自治区	尼尔基水库内蒙古部分,黄河干流内蒙古段,西辽河,滦河内蒙古段,洋河,额尔古纳河,嫩江内蒙古段,居延海,红碱淖尔内蒙段,达里诺尔,岱海,查干诺尔,乌梁素海,岔喜海,贝尔湖,呼伦湖,察尔森水库,绰勒水库,乌拉盖水库,红山水库,万家寨水库内蒙段,海勃湾水库	20+831+827+75+110+920+253+40+37+230+120+35+293+25+610+2330+50+35+35+90.6+58+118=7142.6
呼和浩特市	尼尔基水库内蒙古部分,黄河干流内蒙古段,西辽河,滦河内蒙古段,洋河,额尔古纳河,嫩江内蒙古段,居延海,红碱淖尔内蒙段,达里诺尔,岱海,查干诺尔,乌梁素海,岔喜海,贝尔湖,呼伦湖,察尔森水库,绰勒水库,乌拉盖水库,红山水库,万家寨水库内蒙段,海勃湾水库	20+831+827+75+110+920+253+40+37+230+120+35+293+25+610+2330+50+35+35+90.6+58+118=7142.6
包头市		
乌海市		
赤峰市		

图5-61　各区域增殖放流水域面积汇总分析表汇总界面

　　注意：选择特定行政区划，显示的将是该行政区划及下一级行政区划的规划水域和面积，即二级行政区划的规划水域情况；在《指导意见》规划水域中，湖泊、水库、海域的大小是按照面积核算（千米²），江河则是按长度核算（千米），但在本汇总分析表中，为方便统计，江河面积按照长度数值×1千米核算；此外，汇总分析表中部分行政区划的规划水域和面积为空白，说明该行政区划还未被上级单位分配放流水域；最后，由于各省级行政区划放流水域由系统根据《指导意见》附表自动分配，故部直属这个虚拟行政区划在汇总分析表中将不能显示规划水域和面积。为方便部直属单位进行系统信息填报，在基础报表填报时系统设置部直属行政区划的规划水域为全国所有规划水域。

八、基础数据库

（一）资源养护工作数据库

该栏目共包括水生生物资源数据库、增殖放流水域划分数据库、增殖放流基础数据库、水产种质资源保护区数据库、水生生物自然保护区数据库、增殖放流供苗单位数据库、珍稀濒危品种供应单位数据库、全国水产原良种体系数据库、人工鱼礁（巢）/海洋牧场示范区数据库9个数据库。各个数据库中的数据主要来自两个方面：一是经农业部审核通过的各地报送的资源养护数据；二是农业部管理员自行添加的历史数据或基础材料。农业部管理员自行添加的数据可以修改或删除，经审核通过的各地报送数据不能修改和删除。基础数据库建立的目的是实现资源养护指标统计标准化、规范化、科学化，方便对资源养护相关数据进行分析统计，为资源养护相关管理提供参考。同时基础数据库相关数据通过首页网站同步向社会公开，真正实现资源养护工作的公开透明，促进社会公众关心、关注、了解我国水生生物资源养护工作。基础数据库的详细说明请查看本章第六节《资源养护基础数据库》。

（二）政策法规和技术标准管理

该栏目包括政策法规管理和发布，技术标准管理和发布4项功能。

1. **政策法规管理｜发布**　农业部管理员通过"政策法规管理"功能可查看、修改和删除已发布的政策法规，通过"发布"功能可在系统首页网站发布政策法规。点击页面左侧"发布"按钮，页面出现信息发布界面（图5-62），依次填写标题，选择信息发布类别，选择图片，填写信息具体内容，再点击确定发布即完成信息发布。该发布系统支持类似word编辑器的应用，方便用户编辑使用。可直接发布图片，也可以在编辑器中上传图片。

2. **技术标准管理｜发布**　农业部管理员通过"技术标准管理"功能可查看、修改和删除已发布的技术标准，通过"发布"功能可在系统首页网站发布技术标准。点击页面左侧"发布"按钮，页面出现信息发布界面，依次填写标题，选择信息发布类别，选择图片，填写信息具体内容，再点击确定发布即完成信息发布。该发布系统支持类似word编辑器的应用，方便用户编辑使用。可直接发布图片，也可以在编辑器中上传图片。

图5-62　政策法规发布界面

九、信息发布

该栏目包括公告管理和发布、工作动态管理和发布、链接管理和发布6项功能。

1. **公告管理 | 发布**　农业部管理员通过"公告管理和发布"功能可查看、修改和删除自行发布的通知公告，通过"发布"功能可在系统首页网站发布通知公告。点击页面左侧"发布"按钮，页面出现信息发布界面（图5-63），依次填写公告标题，上报附件文件，填写公告具体内容，再点击提交即完成信息发布。

图5-63　公告发布界面

2. 工作动态管理 | 发布　农业部管理员通过"工作动态管理"功能可查看、修改和删除自行发布的工作动态，审核各地上报的工作动态；通过"发布"功能可在系统首页网站发布工作动态。点击页面左侧"工作动态管理"按钮，页面出现信息管理界面（图5-64），找到需要处理的信息行，在操作栏点击修改或删除，即可进行工作动态信息的修改和删除，如果是下级单位报送的未审核信息，经农业部管理员进行修改操作后，即完成信息审核，相关信息将在系统网站首页显示。

图5-64　工作动态信息管理界面

点击页面左侧"发布"按钮，页面出现信息发布界面（图5-65），依次填写信息标题，选择信息图片，填写信息具体内容，再点击"确定发布"即完成信息发布。该发布系统支持类似word编辑器的应用，方便用户编辑使用。可直接发布图片，也可以在编辑器中上传图片。注意：直接发布图片为首页轮换图片，同时在正文中也会显示。信息发布排列顺序按信息发布时间的先后确定，最新发布的信息显示在最上端。

图5-65　工作动态信息发布界面

3. 链接管理 | 发布　农业部管理员通过"链接管理"功能可查看、修改和删除已发布的相关链接，上下移动相关链接排列顺序，通过"发布"功能可在系统网站首页发布相关链接。

十、内部办公

该栏目包括未答复的问题和已答复的问题两项功能。农业部管理员通过"未答复的问题"功能可查看、答复以及删除其他用户提出的问题，通过"已答复的问题"功能可查看和删除已答复的问题。点击页面左侧"未答复问题"按钮，页面出现未答复问题显示界面，选择需要答复的问题，点击"进行答复"，页面转到问题答复界面（图5-66），填写答复内容，选择是否公开（选择不公开，答复内容只有提问区域用户可以看到），再点击确定即可。

图5-66　问题答复界面

十一、操作说明手册

通过该栏目可以下载系统的操作手册。

第五节　省级管理员操作方法

省级管理员权限属于系统管理员权限。在此权限下，可对系统相关设置和数据进行修改。系统功能包括系统设置、用户信息、资源养护信息采集、供苗单位信息管理、专家库信息管理、汇总导出、汇总分析、信息发布、内部办公等。

一、系统设置

系统设置包括区域查看、用户管理、报表分配管理、品种分配管理、放流地点分配管理等功能。通过该功能省级管理员为地市级管理员和省本级用户分配用户账号、填报报表、放流物种以及放流地点。目前该项工作已完成用户账号分配，其他分配设置需要由省级管理员完成。各地市如需增加《指导意见》附表外的放流物种和放流水域，可联系省级管理员，由其汇总后报农业部管理员添加。

（一）区域查看

省级管理员可以通过该功能查看本省已设置的市县行政区划。省级管理员如果需要添加某一行政区域用户账号，该行政区域在区域查看中没有，则需要先向农业部管理员申请添加该用户的行政区划。

（二）用户管理

省级管理员可以通过区域管理删除本辖区内省、地市、区县各级用户账号的各种信息。修改、添加省级、地市级管理员以及省本级、省直属单位用户的各种账号信息，包括恢复默认密码。目前系统已为省级管理员完成了省市县各级行政区划相应用户的添加。为保证信息报送的严谨性和规范性，每一行政区域只能设置一个用户，如果添加第二个用户，系统会提示"用户名重复"。具体操作方法与农业部管理员的操作方法类似，请查看本章第四节第一段第二部分。

（三）报表分配管理

省级管理员可以通过报表分配管理删除本省范围内省本级（直属单位）、地市、区县各级用户账号的分配报表，修改、添加地市级用户（包括省本级用户和省直属单位用户）的分配报表。具体操作方法与农业部管理员的操作方法类似，请查看本章第四节第一段第三部分。

（四）品种分配管理

省级管理员可以通过品种分配管理删除本省范围内省本级（直属单位）、地市、区县各级用户账号的分配品种，修改、添加地市级用户（包括省本级用户和省直属单位用户）的分配品种。具体操作方法与农业部管理员的操作方法类似，请查看本章第四节第一段第四部分。由于目前农业部管理员已根据《指导意见》为省级管理员和部直属用户分配了放流品种，因此省级管理员为地市级管理员、省本级用户和省直属单位用户分配的品种只能在农业部分配本省的品种范围内，少于或等于本省的分配品种（图5-67）。如果要为地市级管理员、省本级用户和省直属单位用户分配本省品种范围外的品种，需要由农业部管理员先为省级行政区划添加，然后省级管理员才可以进一步为地市行政区划添加。

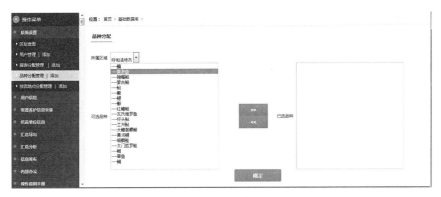

图5-67　品种添加界面

（五）放流地点分配管理

1．地点设置　放流地点主要用于水生生物增殖放流基础数据统计表的填报。放流水域的数据来源于《农业部关于做好"十三五"水生生物增殖放流工作的指导意见》（以下简称《指导意见》）附表，此外根据实际情况添加了非规划水域。具体规划水域数据情况见增殖放流基础数据库相关材料。目前，系统已根据《增殖放流基础数据库》自动为省级行政区划分配了放流水域。因此，省级管理员为地市级管理员、省本级用户和省直属单位用户分配放流水域只能在系统分配本省的放流水域范围内，少于或等于本省的分配放流水域（图5-68）。如果要为地市级管理员、省本级用户和省直属单位用户分配本省放流水域范围外的水域，需要由农业部管理员先在《增殖放流基础数据库》为省级行政区划添加相应水域，然后省级管理员才可以进一步为地市行政区划添加。

2．功能权限　省级管理员可以通过放流地点分配管理删除本省范围内省本级、地市、区县各级用户账号的放流地点，修改、添加地市级用户（包括省本级用户和省直属单位用户）的放流地点。

3．操作方法　点击【放流水域分配管理｜添加】中的添加选项，选择分配的区域后，在可选报表框中选择报表（同时按下"Shift"键可以一次多选），点击向下的三角按钮，将选好的放流水域放入已选报表框，点击确定即可完成该区域的放流水域分配。省级管理员还可以通过放流水域分配管理选项查看、修改、删除所选区域的放流水域。

图5-68 放流水域分配界面

二、用户信息

用户信息包括信息员列表、用户信息报送和修改密码等功能。

（一）信息员列表

省级管理员可以通过信息员列表查看市、县级用户信息员列表。

（二）用户信息报送

1．**功能权限** 省级管理员可以通过用户信息报送填写或修改省级管理员账号信息。

2．**具体操作** 点击用户信息报送，依次填写单位名称、信息员、单位地址、邮政编码、手机号码、电子邮件、单位信息，再点击确认保存即可。其中单位名称、信息员、单位地址、邮政编码、手机号码是必填项，未填写系统将无法保存。

3．**注意事项** 单位名称请认真填写。该信息将显示在系统登录界面欢迎栏，以及公告管理、工作动态管理的发布人栏。填写正确的信息员名称和手机号码，以便工作联系和开展。

（三）修改密码

省级管理员可以通过该功能修改用户自身密码。请各用户首次登录系统后及时修改初始密码，以保障用户信息安全。

三、资源养护信息采集

（一）报表查看审核

1．**功能设置**　通过该功能掌握全省各地基础报表报送情况，以行政区划为单位逐级查看基础报表的报送情况。

2．**功能权限**　省级管理员可以通过报表查看审核，查看所有各地报送的数据，并将确认无误的通过地市级审核的报表审核通过，存在问题的报表驳回。

3．**具体操作**　选择报送年份、报表点击查看，可以查看每一级的报送情况。应报情况栏中"应报"表示已分配相应报表的下级行政区划数量，"已报"表示已报送报表的行政区划数量。具体操作方法与农业部管理员的操作方法类似，请查看本章第四节第三段第一部分。

（二）需要审核报表

1．**功能设置**　该功能只显示需要省级管理员审核的基础报表数据，一般是通过地市审核，或者省本级用户报送的基础报表。通过该功能方便省级管理员对下级单位报送数据进行查看和审核。

2．**功能权限**　省级管理员可以通过"需要审核报表"查看各地报送的需要审核报表，将确认无误的报表审核通过，存在问题的报表驳回。

3．**具体操作**　点击【需要审核报表】后选择报送年份和报送报表后点击查看，可看到下一级单位报送的数据，如果下一级单位未报送，则会显示"没有符合您条件的信息！"如果存在数据再点击查看数据，进行审核或驳回操作。注意：审核只能逐级审核。具体操作方法与农业部管理员的操作方法类似，请查看本章第四节第三段第二部分。

（三）需要驳回报表

1．**功能设置**　该功能只显示需要驳回的基础报表数据，一般是报表填报单位申请修改的基础报表。通过该功能方便省级管理员对下级单位报送数据进行驳回。只要是报表填报单位提出申请修改，其上级行政区划的各级管理员均可进行驳回操作，即可以进行越级驳回。

2．**功能权限**　省级管理员可以通过"需要驳回报表"查看各地报送的申请修改的报表，将申请修改的报表驳回。

3．**具体操作**　点击【需要驳回报表】后选择报送年份和报送报表后点击查看，可看到各报表填报用户申请修改的数据，如果各报表填报用户没有申请修改的数据，则会显示"没有符合您条件的信息！"如果存在数据再点击查看数据，进行驳回操作。具体操作方法与农业部管理员的操作方法类似，请查看本章第四节第三段第三部分。

四、供苗单位信息

供苗单位信息包括"单位管理/新增""中央财政增殖放流供苗单位列表"等功能。

（一）单位管理/新增

1．功能设置　该功能可以对单位所在地为本行政区划范围的各种增殖放流供苗单位进行管理。包括查看、审核、删除、修改本行政区划范围内的供苗单位，以及新增全国范围的供苗单位。增殖放流供苗单位指的是承担增殖放流苗种供应任务的苗种生产单位，包括各级财政和社会资金支持的增殖放流工作，供应的苗种不仅限于经济物种，还包括珍稀濒危物种。

2．功能权限　省级管理员可以通过"单位管理"功能查看所有供苗单位信息，包括报送状态为审核通过、未报送、已报送、驳回申请的本行政区域内各种供苗单位。报送状态为"未报送"的供苗单位指的是企业已填报但未提交所属行政区域主管部门审核的供苗单位；"已报送"的供苗单位是指企业已填报并提交所属行政区域主管部门审核，但主管部门还未审核的供苗单位；"审核通过"的供苗单位指的是企业已填报并提交所属行政区域主管部门审核，且已通过审核的供苗单位；"驳回申请"的供苗单位指企业已填报并提交所属行政区域主管部门审核，但主管部门予以驳回的供苗单位。省级管理员通过"单位管理"功能可以对所有供苗单位信息进行修改和删除，可以通过"新增"功能自行新增供苗单位。

3．新增供苗单位的具体操作　具体操作方法与农业部管理员的操作方法类似。点击【增加】可添加新的供苗单位。注意：可以添加本行政区域外的供苗单位，但在单位管理中查看不到，在该供苗单位所在行政区域（包括省、市、县）管理员账户可以看到。供苗单位信息填报包括基本信息、其他信息、亲本信息、供苗能力、供苗任务等5部分，需要依次填写，具体填写方法请点击每个填写页面上端的填报说明。基本信息页面填完后请点击页面下方的【保存】，继续填写供苗单位的其他信息。

　　其他信息填写完成后请点击页面下方的【保存】，继续填写供苗单位的亲本信息。请按基本信息页面填写的供苗种类依次填写每个种类的亲本情况，每填写完成一个种类的亲本情况，请点击【保存】，继续填写下一个种类的亲本情况，全部种类的亲本情况填写完成后请点击【添加供苗能力】。

　　按照亲本情况的填写方法全部填写完成供苗能力情况后，请点击【添加供苗任务】，继续填写每一个种类的年度增殖放流情况。按照亲本情况的填写方法全部填写完成供苗任务情况后，请点击【结束填写】，即完成全部供苗单位信息的填写，出现供苗单位信息修改审核页面，点击【审核通过】，即审核通过供苗单位。系统页面返回到供苗单位管理的初始界面。

　　4．**供苗单位管理的具体操作**　如果要对供苗单位信息进行修改或删除，点击【单位管理】可进入供苗单位管理的初始界面。可以选择供苗单位资质、所属区域、供苗单位关键字和报送状态对供苗单位进行检索。可以在操作栏点击"审核"和"驳回"对自行填写的供苗单位进行审核，点击"重置密码""基本信息""其他信息""亲本信息""供苗能力""供苗任务"对供苗单位的相应信息进行修改。点击"导出"，系统将打开新页面，显示苗种生产单位信息登记表，点击左上角的"导出为word"，可将当前信息保存为word文件并下载到客户端保存。在供苗单位管理的初始界面，点击单位名称栏相应的供苗单位名称，可进入供苗单位信息提交审核界面，同样也可以对供苗单位各项信息进行修改，以及导出供苗单位信息。

　　5．**注意事项**　省级管理员可将供苗单位报送或自行新增的符合要求的供苗单位审核通过，不符合要求的进行驳回。但对供苗单位报送信息进行审核的权限和责任在于供苗单位所属的行政区划单位（一般为报表填报单位，也即基层填报单位），省级管理员一般不宜越级进行审核。

　　（二）中央财政增殖放流供苗单位列表

　　1．**功能设置**　该功能主要是为了查看本行政区划内各子单位中央财政供苗单位自动汇总的总体情况，包括单位名称、放流地点、放流时间、放流品种、放流数量、放流资金、中央投资金额等情况。

　　2．**功能权限**　省级管理员可以通过"中央财政增殖放流供苗单位列表"功能查看各子单位中央财政供苗单位自动汇总的总体情况。

　　3．**具体操作**　点击【中央财政增殖放流供苗单位列表】，选择所属年度及区域，再点击【检索】，就可以查看某一年度和某一行政区划中央财政增殖放流供苗单位自动汇总的情况（图5-69）。点击"单位名称"栏中的供苗单位名称可以查看年度上报供苗单位的详细信息并可以导出为word文件。

图5-69　中央财政增殖放流供苗单位列表界面

五、专家库信息

专家库信息包括"专家管理/新增""专家推荐管理/新增""推荐专家汇总"等功能。

（一）专家管理/新增

1. 功能设置　该功能可以对单位所在地为本省行政区划范围的资源养护专家进行管理。包括查看、审核、删除、修改本省行政区划范围内的资源养护专家，以及新增单位所在地为本省行政区划范围内的资源养护专家。

2. 功能权限　省级管理员和部直属单位用户可以通过"专家管理"功能查看所有专家的单位信息，包括已审核、未审核、已驳回的本省行政区域内所有专家的信息（未审核的专家信息是指专家已填报并提交所属行政区域主管部门审核，但主管部门还未审核的专家信息；已审核的专家信息指的是专家已填报并提交所属行政区域主管部门审核并且通过审核的专家信息；已驳回的专家信息指专家已填报并提交所属行政区域主管部门审核，但主管部门予以驳回的专家信息），并可以对本省行政区域内所有专家信息进行修改和删除。省级管理员和部直属单位用户可以通过"新增"功能自行新增专家信息。

3. 新增资源养护专家的具体操作　点击【增加】可添加单位所在地为本省行政区划范围内的资源养护专家，操作方法基本同农业部管理员。资源养护专家信息填报包括基本信息、工作学习经历信息、工作领域信息、联系信息、相关管理信息5部分，需要依次填写，具体填写方法请点击每个填写页面上端的填报说明。基本信息栏填完后可点击页面下方的【保存】，暂停填写。下次继续填写可打开"专家管理"功能找到所填写专家信息栏点击"修改"即可。注意：用户名和密码必须填写，否则系统会提示"用户名为空"。为方便记忆，避免与其他用户名重复，建议用户名使用专家姓名。如果使用专家姓名后，系统仍显示用户名重复，说明该专家已有其他人使用，请更换用户名。专家信息表填写必须在基本信息栏全部填完后才能点击"保存"，否则下次继续填写可能在系统中找不到相关信息。部直属单位所属专家，单位所在地选择部直属单位。

相关管理信息一栏省级管理员可填写4项：所属类别、入库以来参与工作、省级资质认证、省级工作年度考核。专家信息表所有信息填写完毕后，可点击保存。确认无误后，可点击提交即完成专家信息上报。点击"保存"或"提交"后可通过"专家管理"功能查看、修改和删除填写的专家信息。

4．资源养护专家管理的具体操作　如要对资源养护专家信息进行修改或删除，点击【专家管理】可进入专家管理的初始界面，操作方法基本同农业部管理员。可以选择单位所在地、单位所属系统、单位性质、职称、性别、年龄、专业类别、工作领域、省级认定、部级认定、姓名等指标对资源养护专家进行检索。可以在操作栏点击"审核"和"驳回"对各省级单位和资源养护专家填写的专家信息进行审核，点击"重置密码""修改""删除"对资源养护专家信息进行相应操作。在导出栏点击"导出"可导出专家信息表word文件。

（二）专家推荐管理/新增

1．功能设置　专家推荐上报指的是省级渔业行政主管部门（包括部直属单位）从全国水生生物资源养护专家信息库中遴选较高水平的专家进行上报。具体流程为：省级渔业行政主管部门（包括部直属单位）遴选资源养护专家上报→农业部审核。"专家推荐管理/新增"就是为了实现省级渔业行政主管部门（包括部直属单位）上报推荐专家功能而设定。

2．功能权限　省级管理员可以通过"专家推荐审核"功能查看本单位报送的推荐专家信息。通过"新增"功能可以选择本行政区域和全国其他行政区域内的专家信息进行保存和上报，即可在全国所有行政区域内选择专家，以遴选出高水平的专家。

3．具体操作　点击【专家推荐管理】右边显示区会出现省级渔业行政主管部门（包括部直属单位）已经上报的推荐专家信息，可以在操作栏进行审核或者驳回。点击"已推荐专家"栏的专家名称可查看推荐专家的具体信息。并可通过信息状态栏查看处于不同报送状态的推荐专家信息。省级渔业行政主管部门（包括部直属单位）上报推荐专家信息状态包括已保存、已报送、部审核、部驳回4种状态。"已保存"表示省级渔业行政主管部门（包括部直属单位）已选择需要上报的专家信息并保存，但还未上报；"已报送"表示省级渔业行政主管部门（包括部直属单位）已选择需要上报的专家并上报，但农业部还未审核；"部审核"表示省级渔业行政主管部门（包括部直属单位）报送的推荐专家信息农业部管理员已审核通过，推荐专家上报工作已完成；"部驳回"表示省级渔业行政主管部门（包括部直属单位）报送的推荐专家信息农业部管理员已予以驳回。

点击【新增】按钮，页面右侧显示推荐专家上报设置界面，可以进行专家遴选并上报。选择需要遴选专家单位所在地的所属区域后，在可选专家框中选择专家及所在单位（同时按下"Shift"键可以一次多选），点击向下的三角按钮，将选好的专家放入已选供苗单位框，点击保存（图5-70）。如需要继续从其他所属区域遴选专家，重复以上步骤。待所有年度上报专家全部遴选完成，确定无误后点击上报，即完成本省级渔业行政主管部门的推荐专家上报工作。注意：在供苗单位所属区域第一列框可以选择省级行政区划，第二列框可以选择地市级行政区划。专家推荐工作的实质是省级渔业行政主管部门（包括部直属单位）从全国水生生物资源养护专家信息库中遴选较高水平的专家上报部局。

图5-70　新增推荐专家上报界面

（三）推荐专家汇总

1．**功能设置**　该功能主要是为了查看各地上报推荐专家的总体情况，对专家信息进行汇总分析，并可导出上报供苗单位的具体信息。

2．**功能权限**　省级管理员可以通过"推荐专家汇总"功能查看全国各地报送的推荐专家信息情况，并可通过信息检索栏查看不同类型的专家信息。此外，点击具体专家名称可以查看上报推荐专家的详细信息，并可以导出为word文件。

3．**具体操作**　点击【推荐专家汇总】，选择单位所在地、单位所属系统、单位性质、职称、性别、年龄、所属类别、推荐工作领域、省级认定、部级认定、姓名等指标，可以查看省级单位上报的不同类型的推荐专家信息。点击"姓名"栏中的专家姓名可以查看专家的详细信息，并可以导出为word文件。

六、汇总导出

（一）**功能设置**

该栏目包括汇总导出本行政区域内《海洋生物资源增殖放流统计表》《淡水物种增殖放流统计表》《珍稀濒危水生野生动物增殖放流统计表》《水生生物增殖放流基础数据统计表》《渔业污染事故情况调查统计表》《渔业生态环境影响评价工作情况调查统计表》《禁渔区和禁渔期制度实施情况统计表》《新建自然保护区和水产种质资源保护区情况调查统计表》《濒危物种专项救护情况调查统计表》《人工鱼礁（巢）/海洋牧场示范区建设情况统计表》《农业资源及生态保护补助项目增殖放流情况统计表》《中央财政增殖放流供苗单位汇总表》12个统计表的功能。打开《中央财政增殖放流供苗单位汇总表》，点击单位名称栏中的每一个供苗单位名称可以查看中央财政增殖放流供苗单位的详细信息，并可以导出《中央财政增殖放流苗种生产单位信息登记表》。这13个统计表反映了行政区域内年度资源养护工作的基本情况，供相关行政主管部门备案和参考。

（二）**功能权限**

通过该功能可以汇总导出报表填报单位报送的已经审核或未经审核的各个基础报表。原则上只要该行政区域已分配填报报表，即使还未填写相关信息，也可以进行汇总导出操作。

（三）**具体操作**

具体操作方法与农业部管理员的操作方法类似，请查看本章第四节第五段第三部分。

1．海洋生物资源增殖放流统计表　该汇总统计表主要反映某个行政区划分配的各种海水物种放流情况。具体操作与农业部管理员的操作方法类似，请查看本章第四节第六段第三部分。

2．淡水物种增殖放流统计表　该汇总统计表主要反映某个行政区划分配的各种淡水物种（包括淡水广布种和淡水区域种）放流情况。具体操作与农业部管理员的操作方法类似，请查看本章第四节第六段第三部分。

3．珍稀濒危水生野生动物增殖放流统计表　该汇总统计表主要反映某个行政区划分配的各种珍稀濒危物种放流情况。具体操作与农业部管理员的操作方法类似，请查看本章第四节第六段第三部分。

4．水生生物增殖放流基础数据统计表　该汇总统计表主要反映某个行政区划内各个分配水域的各种物种的具体放流情况。具体操作与农业部管理员的操作方法类似，请查看本章第四节第六段第三部分。

5．渔业水域污染事故情况调查统计表　该汇总统计表主要反映年度该行政区域内渔业水域污染事故的基本情况。具体操作与农业部管理员的操作方法类似，请查看本章第四节第六段第三部分。

6．渔业生态环境影响评价工作情况调查统计表　该汇总统计表主要反映年度该行政区域内渔业生态环境影响评价工作的基本情况。具体操作与农业部管理员的操作方法类似，请查看本章第四节第六段第三部分。

7．禁渔区和禁渔期制度实施情况统计表　该汇总统计表主要反映年度该行政区域内禁渔期和禁渔区制度实施的基本情况。具体操作与农业部管理员的操作方法类似，请查看本章第四节第六段第三部分。

8．新建自然保护区、水产种质资源保护区情况调查统计表　该汇总统计表主要反映年度该行政区域内新建（晋升）自然或水产种质资源保护区的基本情况。具体操作与农业部管理员的操作方法类似，请查看本章第四节第六段第三部分。

9．濒危物种专项救护情况统计表　该汇总统计表主要反映年度该行政区域内濒危物种专项救护工作的基本情况。具体操作与农业部管理员的操作方法类似，请查看本章第四节第六段第三部分。

10．人工鱼礁（巢）/海洋牧场示范区建设情况统计表　该汇总统计表主要反映年度该行政区域内人工鱼礁（巢）/海洋牧场示范区建设的基本情况。具体操作与农业部管理员的操作方法类似，请查看本章第四节第六段第三部分。

11．农业资源及生态保护补助项目增殖放流情况统计表　该汇总统计表主要反映年度内该行政区域农业资源及生态保护补助项目增殖放流的基本情况。具体操作方法与农业部管理员的操作方法类似，请查看本章第四节第六段第三部分。

12．年度增殖放流苗种供应单位情况汇总表　该汇总统计表主要反映年度中央财政增殖放流苗种生产单位的基本情况。具体操作方法与农业部管理员的操作方法类似，请查看本章第四节第六段第三部分。

七、汇总分析

（一）功能设置

该栏目包括汇总导出本行政区域内《各地区增殖放流关键数据汇总分析表》《各水域增殖放流基础数据汇总分析表》《海洋生物资源增殖放流汇总分析表》《淡水广布种增殖放流汇总分析表》《淡水区域种增殖放流汇总分析表》《珍稀濒危物种增殖放流汇总分析表》《增殖放流供苗单位各品种亲本情况汇总分析表》《增殖放流供苗单位各品种供苗能力汇总分析表》《各区域增殖放流水域面积汇总分析表》9个汇总分析表的功能。这9个汇总分析表主要对资源养护相关工作情况进行整理汇总，重点突出在增殖放流基础数据和供苗管理方面进行深入分析，为相关工作的规范开展和持续发展提供参考。

（二）功能权限

通过该功能可以对报表填报单位报送的已经审核或未经审核的各个基础报表数据进行深入分析，并且可以汇总导出。原则上只有该行政区域已分配填报报表，即使还未填写相关信息，也可以进行汇总导出操作。

（三）具体操作

具体操作方法与农业部管理员的操作方法类似，请查看本章第四节第六段第三部分。

1．各地区增殖放流关键数据汇总分析表　该表的主要功能是对该行政区域及各下级行政区划的放流总体情况（放流数量和资金）进行比较，也可以对各品种大类的放流情况进行比较。具体操作方法与农业部管理员的操作方法类似，请查看本章第四节第七段第三部分。

2．海洋生物资源增殖放流汇总分析表　该表的主要功能是对该行政区域及各下级行政区划的放流的各种海洋物种情况（放流数量和资金）进行比较，既可以比较同一物种不同区域的放流情况，也可以比较同一区域不同物种的放流情况。具体操作方法与农业部管理员的操作方法类似，请查看本章第四节第七段第三部分。

3．**淡水广布种增殖放流汇总分析表** 该表的主要功能是对该行政区域及各下级行政区划的放流的各种淡水广布种情况（放流数量和资金）进行比较，既可以比较同一物种不同区域的放流情况，也可以比较同一区域不同物种的放流情况。具体操作方法与农业部管理员的操作方法类似，请查看本章第四节第七段第三部分。

4．**淡水区域种增殖放流汇总分析表** 该表的主要功能是对该行政区域及各下级行政区划的放流的各种淡水区域种情况（放流数量和资金）进行比较，既可以比较同一物种不同区域的放流情况，也可以比较同一区域不同物种的放流情况。具体操作方法与农业部管理员的操作方法类似，请查看本章第四节第七段第三部分。

5．**珍稀濒危物种增殖放流汇总分析表** 该表的主要功能是对该行政区域及各下级行政区划的放流的各种珍稀濒危物种情况（放流数量和资金）进行比较，既可以比较同一物种不同区域的放流情况，也可以比较同一区域不同物种的放流情况。具体操作方法与农业部管理员的操作方法类似，请查看本章第四节第七段第三部分。

6．**增殖放流供苗单位各品种亲本情况汇总分析表** 该表的主要功能是分析该行政区域及各下级行政区划范围内的增殖放流供苗单位的各品种亲本情况，为科学评估该行政区域及各下级行政区划的增殖放流各品种供苗能力提供参考。既可以查看特定行政区划某个放流品种的亲本情况，也可以对特定行政区划各种放流品种的亲本情况进行比较，了解掌握各种放流品种的亲本情况。具体操作方法与农业部管理员的操作方法类似，请查看本章第四节第七段第三部分。

7．**增殖放流供苗单位各品种供苗能力汇总分析表** 该表的主要功能是分析该行政区域及各下级行政区划范围内的增殖放流供苗单位的各品种苗种供应情况，为科学评估该行政区域及各下级行政区划的增殖放流各品种供苗能力提供参考。既可以查看特定行政区划某个放流品种的亲苗种供应情况，也可以对特定行政区划各种放流品种的苗种供应能力进行比较，了解掌握各种放流品种的苗种供应情况。具体操作方法与农业部管理员的操作方法类似，请查看本章第四节第七段第三部分。

8．**各水域增殖放流基础数据汇总分析表** 该表的主要功能是打破行政区域界限，以水域划分的视角来分析全国各水域增殖放流的基本情况，为相关部门科学评估该水域增殖放流效果提供参考。既可以查看全国各大片区（东北、华北、渤海、东海等）增殖放流的基本情况，也可以查看全国各种地点类型（重要江河、重要湖泊、重要水库、重要海域等）增殖放流的基本情况，还可以查看全国各所属水域划分（流域、水系、海区等）增殖放流的基本情况，以及可以查看具体规划放流地点增殖放流的基本情况。具体操作方法与农业部管理员的操作方法类似，请查看本章第四节第七段第三部分。

9. 各区域增殖放流水域面积汇总分析表　该表的主要功能是查看本行政区划或下级行政区划增殖放流规划水域及面积。规划水域的数据来源于《农业部关于做好"十三五"水生生物增殖放流工作的指导意见》附表，此外根据实际情况添加了非规划水域。具体规划水域数据情况见《增殖放流基础数据库》相关材料。具体操作方法与农业部管理员的操作方法类似，请查看本章第四节第七段第三部分。

八、信息发布

该栏目包括公告管理和发布、工作动态管理和发布等4项功能。

1. 公告管理｜发布　省级管理员通过"公告管理"功能可查看农业部和自行（本省省级管理员）发布的通知公告，修改和删除自行发布的通知公告，通过"发布"功能可在系统内部发布通知公告。省级管理员发布的公告，本省所有区域的用户均可见。点击页面左侧"发布"按钮，页面出现信息发布界面（图5-71），依次填写公告标题，上报附件文件，填写公告具体内容，再点击提交即完成信息发布。注意：省级管理员发布的通知公告不能在系统首页（前台）显示。

图5-71　公告发布界面

2．工作动态管理｜发布　省级管理员通过"工作动态管理"功能可查看、修改和删除自行发布的工作动态，通过"发布"功能可以发布工作动态。省级管理员发布的工作动态可以直接在系统首页工作动态栏显示。点击页面左侧"工作动态管理"按钮，页面出现信息管理界面，找到需要处理的信息行，在操作栏点击修改或删除，即可进行工作动态信息的修改和删除。点击页面左侧"发布"按钮，页面出现信息发布界面，依次填写信息标题，选择信息图片，填写信息具体内容，再点击确定发布即完成信息发布。该发布系统支持类似word编辑器的应用，方便用户编辑使用。可直接发布图片，也可以在编辑器中上传图片。注意：直接发布图片为首页轮换图片，同时在正文中也会显示。信息发布排列顺序按信息发布时间的先后确定，最新发布的信息显示在最上端。

九、内部办公

该栏目包括分为未答复的问题、已答复的问题、提交问题3项功能。省级管理员可以通过"未答复的问题"功能查看和删除自己提出的未收到答复的问题；通过"已答复的问题"功能可查看自己提出的收到答复的问题，以及别人提出的农业部管理员公开答复的问题；通过"提交问题"可以提出需要农业部管理员答复的问题。

十、操作说明手册

通过该栏目可以下载系统的操作手册。

第六节　地市级管理员操作方法

地市级管理员权限属于系统管理员权限。在此权限下，可对系统相关设置和数据进行修改。系统功能包括系统设置、用户信息、资源养护信息采集、供苗单位信息管理、汇总导出、汇总分析、信息发布、内部办公等。

一、系统设置

系统设置包括区域查看、用户管理、报表分配管理、品种分配管理、放流地点分配管理等功能。通过该功能，地市级管理员为区县级用户和地市本级用户分配用户账号、填报报表、放流物种以及放流地点。目前该项工作已完成用户账号分配，其他分配设置需要由地市级管理员完成。地市级管理员分配填报报表、放流物种、放流地点的操作方法同省级管理员。各区县如需增加《指导意见》附表外的放流物种和放流水域，可联系地市级管理员，由其汇总后报省级管理员。

（一）区域查看

地市级管理员可以通过该功能查看本市已设置的县级行政区划。地市级管理员如果需要添加某一行政区域用户账号，该行政区域在区域查看中没有，则需要先通过省级管理员向农业部管理员申请添加该用户的行政区划。需要注意的是，如果市级渔业主管部门需要直接开展数据填报，走简化工作流程，以及增加市直属单位账号，需要首先由农业部管理员在该市行政区划内添加"地市本级"和"地市直属单位"这一虚拟行政区划。

（二）用户管理

地市级管理员可以通过区域管理修改、删除本辖区内市、县各级用户账号的各种信息。修改、添加地市级管理员以及地市本级、地市直属单位用户的各种账号信息，包括恢复默认密码。目前系统已为地市级管理员添加了区县各级行政区划用户。为保证信息报送的严谨性和规范性，每一行政区域只能设置一个用户，如果添加第二个用户，系统会提示"用户名重复"。具体操作方法与省级管理员的操作方法类似。

（三）报表分配管理

地市级管理员可以通过报表分配管理删除本辖区内地市本级、区县各级用户账号的分配报表，修改、添加区县级用户（包括地市本级和地市直属单位）的分配报表。具体操作方法与省级管理员的操作方法类似。

（四）品种分配管理

地市级管理员可以通过品种分配管理删除本辖区内地市本级、区县各级用户的分配品种，修改、添加区县用户（包括地市本级和地市直属单位）的分配品种。具体操作方法与省级管理员的操作方法类似。由于省级管理员已为地市级管理员用户分配了放流品种，因此地市级管理员为区县级用户、地市本级用户和地市直属单位用户分配的品种只能在省级为地市级分配的品种范围内，少于或等于本地市的分配品种。如果要为区县级用户、地市本级用户和地市直属单位用户分配本地市品种范围外的品种，需要由农业部管理员先为省级行政区划添加，然后省级管理员再为地市行政区划添加，最后由地市级管理员为区县行政区划添加。

（五）放流地点分配管理

1. 地点设置　放流地点主要用于水生生物增殖放流基础数据统计表的填报。放流水域的数据来源于《农业部关于做好"十三五"水生生物增殖放流工作的指导意见》（以下简称《指导意见》）附表，此外根据实际情况添加了非规划水域。具体规划水域数据情况见增殖放流基础数据库相关材料。目前，系统已根据《增殖放流基础数据库》自动为省级行政区划分配了放流水域。因此，省级管理员为地市级管理员、地市本级用户和地市直属单位用户分配放流水域只能在系统分配本省的放流水域范围内，少于或等于本省的分配放流水域。地市级管理员为区县级管理员、地市本级用户和地市直属单位用户分配放流水域只能在省级分配本地区的放流水域范围内，少于或等于本地区的分配放流水域。如果要为区县级用户、地市本级用户和地市直属单位用户分配本地区放流水域范围外的水域，需要由农业部管理员先在《增殖放流基础数据库》为省级行政区划添加相应水域，然后省级管理员才可以进一步为地市行政区划添加，最后地市级管理员才能为区县行政区划添加相应水域。

2. 功能权限　地市级管理员可以通过放流地点分配管理删除本地市范围内地市本级、地市直属单位、区县各级用户账号的放流地点，修改、添加区县级用户（包括地市本级和地市直属单位）的放流地点。

3. 操作方法　点击【放流水域分配管理｜添加】中的添加选项，选择分配的区域后，在可选报表框中选择报表（同时按下"Shift"键可以一次多选），点击向下的三角按钮，将选好的放流水域放入已选报表框，点击确定即可完成该区域的放流水域分配。地市级管理员还可以通过放流水域分配管理选项查看、修改、删除所选区域的放流水域。

二、用户信息

用户信息包括信息员列表、用户信息报送和修改密码等功能。

（一）信息员列表

地市级管理员可以通过信息员列表查看本地市、各区县级用户信息员列表。

（二）用户信息报送

1. 功能权限　地市级管理员可以通过用户信息报送填写或修改地市级管理员账号信息。

2．**具体操作**　点击用户信息报送，依次填写单位名称、信息员、单位地址、邮政编码、手机号码、电子邮件、单位信息，再点击确认保存即可。其中单位名称、信息员、单位地址、邮政编码、手机号码是必填项，未填写系统将无法保存。

3．**注意事项**　单位名称请认真填写。该信息将显示在系统登录界面欢迎栏，以及公告管理、工作动态管理的发布栏。填写正确的信息员名称和手机号码，以便工作联系和开展。

（三）**修改密码**

地市级管理员可以通过该功能修改用户自身密码。请各用户首次登录系统后及时修改初始密码，以保障用户信息安全。

三、资源养护信息采集

资源养护信息采集包括报表查看审核、需要审核报表、需要驳回报表等功能。

（一）**报表查看审核**

1．**功能设置**　通过该功能掌握全地区各地基础报表报送情况，以行政区划为单位查看各区县和地市本级基础报表的报送情况。

2．**功能权限**　地市级管理员可以通过报表查看审核，查看所有各地报送的数据，并将确认无误的基础报表审核通过，存在问题的报表驳回。

3．**具体操作**　选择报送年份、报表点击查看，可以查看各区县和地市本级的报送情况。应报情况栏中"应报"表示已分配相应报表的下级行政区划数量，"已报"表示已报送报表的行政区划数量。具体操作方法与省级管理员的操作方法类似。

（二）**需要审核报表**

1．**功能设置**　该功能只显示需要地市级管理员审核的基础报表数据，一般是区县或者地市本级用户、地市直属单位用户提交报送的基础报表。通过该功能方便地市级管理员对下级单位报送数据进行查看和审核。

2．**功能权限**　省级管理员可以通过"需要审核报表"查看各地报送的需要审核报表，将确认无误的报表审核通过，存在问题的报表驳回。

3．**具体操作**　点击【需要审核报表】后选择报送年份和报送报表后点击查看，可看到下一级单位报送的数据，如果下一级单位未报送或已通过市审核，则会显示"没有符合您条件的信息！"如果存在数据再点击查看数据，进行审核或驳回操作。注意：审核只能逐级审核。具体操作方法与省级管理员的操作方法类似。

（三）需要驳回报表

1. **功能设置** 该功能只显示需要驳回的基础报表数据，一般是报表填报单位申请修改的基础报表。通过该功能方便地市级管理员对下级单位报送数据进行驳回。只要是报表填报单位提出申请修改，其上级行政区划的各级管理员均可进行驳回操作，即可以进行越级驳回。

2. **功能权限** 地市级管理员可以通过"需要驳回报表"查看各地报送的申请修改的报表，将申请修改的报表驳回。

3. **具体操作** 点击【需要驳回报表】后，选择报送年份和报送报表后点击查看，可看到各报表填报用户申请修改的数据，如果各报表填报用户没有申请修改的数据，则会显示"没有符合您条件的信息！"如果存在数据再点击查看数据，进行驳回操作。具体操作方法与省级管理员的操作方法类似。

四、供苗单位信息

供苗单位信息包括"单位管理/新增""中央财政增殖放流供苗单位列表"等功能。

（一）单位管理/新增

1. **功能设置** 该功能可以对单位所在地为本行政区划范围的各种增殖放流供苗单位进行管理。包括查看、审核、删除、修改本行政区划范围内的供苗单位，以及新增全国范围的供苗单位。增殖放流供苗单位指的是承担增殖放流苗种供应任务的苗种生产单位，包括各级财政和社会资金支持的增殖放流工作，供应的苗种不仅限于经济物种，还包括珍稀濒危物种。

2. **功能权限** 地市级管理员可以通过"单位管理"功能查看所有供苗单位信息，包括报送状态为审核通过、未报送、已报送、驳回申请的本行政区域内各种供苗单位。报送状态为"未报送"的供苗单位指的是企业已填报但未提交所属行政区域主管部门审核的供苗单位；"已报送"的供苗单位是指企业已填报并提交所属行政区域主管部门审核，但主管部门还未审核的供苗单位；"审核通过"的供苗单位指的是指企业已填报并提交所属行政区域主管部门审核并且通过审核的供苗单位；"驳回申请"的供苗单位指企业已填报并提交所属行政区域主管部门审核，但主管部门予以驳回的供苗单位。地市级管理员通过"单位管理"功能可以对所有供苗单位信息进行修改和删除，可以通过"新增"功能自行新增供苗单位。

3．**新增供苗单位的具体操作**　具体操作方法与省级管理员的操作方法类似。点击【增加】可添加新的供苗单位。注意：可以添加本行政区域外的供苗单位，但在单位管理中查看不到，在该供苗单位所在行政区域（包括省市县）管理员账户可以看到。供苗单位信息填报包括基本信息、其他信息、亲本信息、供苗能力、供苗任务5部分，需要依次填写，具体填写方法请点击每个填写页面上端的填报说明。基本信息页面填完后请点击页面下方的【保存】，继续填写供苗单位的其他信息。

其他信息填写完成后请点击页面下方的【保存】，继续填写供苗单位的亲本信息。请按基本信息页面填写的供苗种类依次填写每个种类的亲本情况，每填写完成一个种类的亲本情况请点击【保存】，继续填写下一个种类的亲本情况，全部种类的亲本情况填写完成后请点击【添加供苗能力】。

按照亲本情况的填写方法全部填写完成供苗能力情况后请点击【添加供苗任务】，继续填写每一个种类的年度增殖放流情况。按照亲本情况的填写方法全部填写完成供苗任务情况后请点击【结束填写】，即完成全部供苗单位信息的填写，出现供苗单位信息修改审核页面，点击【审核通过】，即审核通过供苗单位。系统页面返回到供苗单位管理的初始界面。

4．**供苗单位管理的具体操作**　如果要对供苗单位信息进行修改或删除，点击【单位管理】可进入供苗单位管理的初始界面。可以选择供苗单位资质、所属行政区划、供苗单位关键字和报送状态对供苗单位进行检索。可以在操作栏点击"审核"和"驳回"对自行填写的供苗单位信息进行审核，点击"重置密码""基本信息""其他信息""亲本信息""供苗能力""供苗任务"对供苗单位的相应信息进行修改。点击"导出"，系统将打开新页面显示苗种生产单位信息登记表，点击左上角的"导出为word"，可将当前信息保存为word文件并下载到客户端保存。在供苗单位管理的初始界面，点击单位名称栏相应的供苗单位名称，可进入供苗单位信息提交审核界面，同样也可以对供苗单位各项信息进行修改，以及导出供苗单位信息。

5．**注意事项**　地市级管理员可将供苗单位报送或自行新增的符合要求的供苗单位审核通过，不符合要求的进行驳回。但对供苗单位报送信息进行审核的权限和责任在于供苗单位所属的行政区划单位（一般为报表填报单位，也即基层填报单位），地市级管理员一般不宜越级进行审核。

（二）中央财政增殖放流供苗单位列表

1. **功能设置**　该功能主要是为了查看本行政区划内各子单位中央财政供苗单位自动汇总的总体情况，包括单位名称、放流地点、放流时间、放流品种、放流数量、放流资金、中央投资金额等情况。

2. **功能权限**　地市级管理员可以通过"中央财政增殖放流供苗单位列表"功能查看各子单位中央财政供苗单位自动汇总的总体情况。

3. **具体操作**　点击【中央财政增殖放流供苗单位列表】，选择所属年度及区域，再点击【检索】，就可以查看某一年度和某一行政区划中央财政增殖放流供苗单位自动汇总的情况（图5-69）。点击"单位名称"栏中的供苗单位名称可以查看年度上报供苗单位的详细信息并可以导出为word文件。

五、汇总导出

（一）功能设置

该栏目包括汇总导出本行政区域内《海洋生物资源增殖放流统计表》《淡水物种增殖放流统计表》《珍稀濒危水生野生动物增殖放流统计表》《水生生物增殖放流基础数据统计表》《渔业污染事故情况调查统计表》《渔业生态环境影响评价工作情况调查统计表》《禁渔区和禁渔期制度实施情况统计表》《新建自然保护区和水产种质资源保护区情况调查统计表》《濒危物种专项救护情况调查统计表》《人工鱼礁（巢）/海洋牧场示范区建设情况统计表》《农业资源及生态保护补助项目增殖放流情况统计表》《中央财政增殖放流供苗单位汇总表》12个统计表的功能。打开《中央财政增殖放流供苗单位汇总表》，点击单位名称栏中的每一个供苗单位名称可以查看中央财政增殖放流供苗单位的详细信息，并可以导出《中央财政增殖放流苗种生产单位信息登记表》。这13个统计表反映了行政区域内年度资源养护工作的基本情况，供相关行政主管部门备案和参考。

（二）功能权限

通过该功能可以汇总导出报表填报单位报送的已经审核或未经审核的各个基础报表。原则上只要该行政区域已分配填报报表，即使还未填写相关信息，也可以进行汇总导出操作。

（三）具体操作

具体操作方法与省级管理员的操作方法类似。

1．**海洋生物资源增殖放流统计表**　该汇总统计表主要反映某个行政区划分配的各种海水物种放流情况。具体操作与农业部管理员的操作方法类似，请查看本章第四节第六段第三部分。

2．**淡水物种增殖放流统计表**　该汇总统计表主要反映某个行政区划分配的各种淡水物种（包括淡水广布种和淡水区域种）放流情况。具体操作与农业部管理员的操作方法类似，请查看本章第四节第六段第三部分。

3．**珍稀濒危水生野生动物增殖放流统计表**　该汇总统计表主要反映某个行政区划分配的各种珍稀濒危物种放流情况。具体操作与农业部管理员的操作方法类似，请查看本章第四节第六段第三部分。

4．**水生生物增殖放流基础数据统计表**　该汇总统计表主要反映某个行政区划内各个分配水域的各种物种的具体放流情况。具体操作与农业部管理员的操作方法类似，请查看本章第四节第六段第三部分。

5．**渔业水域污染事故情况调查统计表**　该汇总统计表主要反映年度该行政区域内渔业水域污染事故的基本情况。具体操作与农业部管理员的操作方法类似，请查看本章第四节第六段第三部分。

6．**渔业生态环境影响评价工作情况调查统计表**　该汇总统计表主要反映年度该行政区域内渔业生态环境影响评价工作的基本情况。具体操作与农业部管理员的操作方法类似，请查看本章第四节第六段第三部分。

7．**禁渔区和禁渔期制度实施情况统计表**　该汇总统计表主要反映年度该行政区域内禁渔期和禁渔区制度实施的基本情况。具体操作与农业部管理员的操作方法类似，请查看本章第四节第六段第三部分。

8．**新建自然保护区、水产种质资源保护区情况调查统计表**　该汇总统计表主要反映年度该行政区域内新建（晋升）自然或水产种质资源保护区的基本情况。具体操作与农业部管理员的操作方法类似，请查看本章第四节第六段第三部分。

9．**濒危物种专项救护情况统计表**　该汇总统计表主要反映年度该行政区域内濒危物种专项救护工作的基本情况。具体操作与农业部管理员的操作方法类似，请查看本章第四节第六段第三部分。

10．**人工鱼礁（巢）/海洋牧场示范区建设情况统计表**　该汇总统计表主要反映年度该行政区域内人工鱼礁（巢）/海洋牧场示范区建设的基本情况。具体操作与农业部管理员的操作方法类似，请查看本章第四节第六段第三部分。

11. 农业资源及生态保护补助项目增殖放流情况统计表　该汇总统计表主要反映年度内该行政区域农业资源及生态保护补助项目增殖放流的基本情况。具体操作方法与农业部管理员的操作方法类似，请查看本章第四节第六段第三部分。

12. 年度中央财政增殖放流供苗单位汇总表　该汇总统计表主要反映年度中央财政增殖放流苗种生产单位的基本情况。具体操作方法与农业部管理员的操作方法类似，请查看本章第四节第六段第三部分。

六、汇总分析

（一）功能设置

该栏目包括汇总导出本行政区域内《各地区增殖放流关键数据汇总分析表》《各水域增殖放流基础数据汇总分析表》《海洋生物资源增殖放流汇总分析表》《淡水广布种增殖放流汇总分析表》《淡水区域种增殖放流汇总分析表》《珍稀濒危物种增殖放流汇总分析表》《增殖放流供苗单位各品种亲本情况汇总分析表》《增殖放流供苗单位各品种供苗能力汇总分析表》《各区域增殖放流水域面积汇总分析表》9个汇总分析表的功能。这9个汇总分析表主要对资源养护相关工作情况进行整理汇总，重点突出在增殖放流基础数据和供苗管理方面进行深入分析，为相关工作的规范开展和持续发展提供参考。

（二）功能权限

通过该功能可以对报表填报单位报送的已经审核或未经审核的各个基础报表数据进行深入分析，并且可以汇总导出。原则上只有该行政区域已分配填报报表，即使还未填写相关信息，也可以进行汇总导出操作。

（三）具体操作

具体操作方法与省级管理员的操作方法类似。

1. 各地区增殖放流关键数据汇总分析表　该表的主要功能是对该行政区域及各下级行政区划的放流总体情况（放流数量和资金）进行比较，也可以对各品种大类的放流情况进行比较。具体操作方法与农业部管理员的操作方法类似，请查看本章第四节第七段第三部分。

2. 海洋生物资源增殖放流汇总分析表　该表的主要功能是对该行政区域及各下级行政区划的放流的各种海洋物种情况（放流数量和资金）进行比较，既可以比较同一物种不同区域的放流情况，也可以比较同一区域不同物种的放流情况。具体操作方法与农业部管理员的操作方法类似，请查看本章第四节第七段第三部分。

3．淡水广布种增殖放流汇总分析表　该表的主要功能是对该行政区域及各下级行政区划的放流的各种淡水广布种情况（放流数量和资金）进行比较，既可以比较同一物种不同区域的放流情况，也可以比较同一区域不同物种的放流情况。具体操作方法与农业部管理员的操作方法类似，请查看本章第四节第七段第三部分。

4．淡水区域种增殖放流汇总分析表　该表的主要功能是对该行政区域及各下级行政区划的放流的各种淡水区域种情况（放流数量和资金）进行比较，既可以比较同一物种不同区域的放流情况，也可以比较同一区域不同物种的放流情况。具体操作方法与农业部管理员的操作方法类似，请查看本章第四节第七段第三部分。

5．珍稀濒危物种增殖放流汇总分析表　该表的主要功能是对该行政区域及各下级行政区划的放流的各种珍稀濒危物种情况（放流数量和资金）进行比较，既可以比较同一物种不同区域的放流情况，也可以比较同一区域不同物种的放流情况。具体操作方法与农业部管理员的操作方法类似，请查看本章第四节第七段第三部分。

6．增殖放流供苗单位各品种亲本情况汇总分析表　该表的主要功能是分析该行政区域及各下级行政区划范围内的增殖放流供苗单位的各品种亲本情况，为科学评估该行政区域及各下级行政区划的增殖放流各品种供苗能力提供参考。既可以查看特定行政区划某个放流品种的亲本情况，也可以对特定行政区划各种放流品种的亲本情况进行比较，了解掌握各种放流品种的亲本情况。具体操作方法与农业部管理员的操作方法类似，请查看本章第四节第七段第三部分。

7．增殖放流供苗单位各品种供苗能力汇总分析表　该表的主要功能是分析该行政区域及各下级行政区划范围内的增殖放流供苗单位的各品种苗种供应情况，为科学评估该行政区域及各下级行政区划的增殖放流各品种供苗能力提供参考。既可以查看特定行政区划某个放流品种的亲苗种供应情况，也可以对特定行政区划各种放流品种的苗种供应能力进行比较，了解掌握各种放流品种的苗种供应情况。具体操作方法与农业部管理员的操作方法类似，请查看本章第四节第七段第三部分。

8．各水域增殖放流基础数据汇总分析表　该表的主要功能是打破行政区域界限，以水域划分的视角来分析全国各水域增殖放流的基本情况，为相关部门科学评估该水域增殖放流效果提供参考。既可以查看全国各大片区（东北、华北、渤海、东海等）增殖放流的基本情况，也可以查看全国各种地点类型（重要江河、重要湖泊、重要水库、重要海域等）增殖放流的基本情况，还可以查看全国各所属水域划分（流域、水系、海区等）增殖放流的基本情况，以及查看具体规划放流地点增殖放流的基本情况。具体操作方法与农业部管理员的操作方法类似，请查看本章第四节第七段第三部分。

9. 各区域增殖放流水域面积汇总分析表　该表的主要功能是查看本行政区划或下级行政区划增殖放流规划水域及面积。规划水域的数据来源于《农业部关于做好"十三五"水生生物增殖放流工作的指导意见》附表，此外根据实际情况添加了非规划水域。具体规划水域数据情况见《增殖放流基础数据库》相关材料。具体操作方法与农业部管理员的操作方法类似，请查看本章第四节第七段第三部分。

七、信息发布

该栏目包括公告管理和发布、工作动态管理和发布4项功能。

1. 公告管理｜发布　地市级管理员通过"公告管理"功能可查看农业部、本省省级管理员以及自行（本地市级管理员）发布的通知公告，修改和删除自行发布的通知公告，通过"发布"功能可在系统内部发布通知公告。地市级管理员发布的公告，本辖区内所有区域的用户均可见。点击页面左侧"发布"按钮，页面出现信息发布界面，依次填写公告标题，上报附件文件，填写公告具体内容，再点击提交即完成信息发布。注意：地市级管理员发布的通知公告不能在系统首页（前台）显示。

2. 工作动态管理｜发布　地市级管理员通过"工作动态管理"功能可查看、修改和删除自行发布的工作动态，通过"发布"功能可以发布工作动态。地市级管理员发布的工作动态经农业部管理员审核后可在系统首页"工作动态"栏显示。点击页面左侧"工作动态管理"按钮，页面出现信息管理界面，找到需要处理的信息行，在操作栏点击修改或删除，即可进行工作动态信息的修改和删除。点击页面左侧"发布"按钮，页面出现信息发布界面，依次填写信息标题，选择信息图片，填写信息具体内容，再点击确定发布即完成信息发布。该发布系统支持类似word编辑器的应用，方便用户编辑使用。可直接发布图片，也可以在编辑器中上传图片。注意：直接发布图片为首页轮换图片，同时在正文中也会显示。信息发布排列顺序按信息发布时间的先后确定，最新发布的信息显示在最上端。

八、内部办公

该栏目包括分为未答复的问题、已答复的问题、提交问题3项功能。地市级管理员可以通过"未答复的问题"功能可查看和删除自己提出的未收到答复的问题，通过"已答复的问题"功能可查看自己提出的收到答复的问题，以及别人提出的农业部管理员公开答复的问题，通过"提交问题"可以提出需要农业部管理员答复的问题。

九、操作说明手册

通过该栏目可以下载系统的操作手册。

第七节　报表填报用户操作方法

报表填报用户（基层填报用户）包括区县级用户，省本级用户、地市本级用户，省直属单位用户、地市直属单位用户以及部直属单位用户。报表填报用户权限属于系统使用权限。在此权限下，可进行资源养护数据填报并开展供苗单位信息管理。主要功能包括用户信息、资源养护信息采集、供苗单位信息、汇总导出、汇总分析、信息发布、内部办公等。报表填报用户在上级单位分配用户账号、填报报表、放流物种以及放流地点后即可进行信息填报。首先进行供苗单位信息填报，可由供苗单位注册填报或者渔业部门自行填报，填报完成后相关信息即进入供苗单位数据库。然后报表填报用户进行资源养护基础报表填报，根据每一个基础报表的填报说明完成对应报表填写，填报完成后点击数据报送即完成基础报表的上报工作，年度中央财政增殖放流供苗单位由系统自动汇总上报。各级管理员对报表填报用户上报的基础报表进行逐步审核，全部基础报表经农业部管理员审核通过后即完成资源养护基础信息上报工作。

一、用户信息

用户信息包括信息员列表、用户信息报送和修改密码等功能。

（一）信息员列表

区县级用户和地市本级用户可以通过"信息员列表"查看本地市、各区县级用户信息员列表。省本级用户和部直属单位用户可以通过"信息员列表"查看省本级、部直属行政区划内所有用户信息员列表。

（二）用户信息报送

1. **功能权限**　报表填报用户可以通过用户信息报送填写或修改自己的账号信息。

2. **具体操作**　点击用户信息报送，依次填写单位名称、信息员、单位地址、邮政编码、手机号码、电子邮件、单位信息，再点击确认保存即可。其中单位名称、信息员、单位地址、邮政编码、手机号码是必填项，未填写系统将无法保存。

3. **注意事项**　单位名称请认真填写。该信息将显示在系统登录界面欢迎栏，以及公告管理、工作动态管理的发布栏。填写正确的信息员名称和手机号码，以便工作联系和开展。

（三）修改密码

报表填报用户可以通过该功能修改用户自身密码。请各用户首次登录系统后及时修改初始密码，以保障用户信息安全。

二、资源养护信息采集

（一）功能设置

该栏目仅有"信息报送"一项功能。报表填报用户通过该栏目可以进行资源养护基础报表的填写和报送。报表填报用户上报年度供苗单位后即可开展资源养护基础报表填写。根据每一个基础报表填报页面的《填报说明》完成对应报表填写，填报完成后点击数据报送即完成基础报表的上报工作。报表填报用户根据报表分配情况最多需要填报《水生生物增殖放流基础数据统计表》《人工鱼礁（巢）/海洋牧场示范区建设情况统计表》《禁渔区和禁渔期制度实施情况统计表》《自然保护区和水产种质资源保护区建设情况调查表》《濒危物种专项救护情况统计表》《渔业水域污染事故情况调查统计表》《渔业生态环境影响评价工作情况调查统计表》《农业资源及生态保护补助项目增殖放流情况统计表》8个基础报表和相关总结材料（包括总计报告和有关图文资料）。

（二）《水生生物增殖放流基础报表》

1．填报方法　登录系统后点击【资源养护信息采集】打开【数据报送】，选择报送年份，在点击水生生物增殖放流基础数据统计表栏点击【报送】，即打开填报页面（图5-72）。

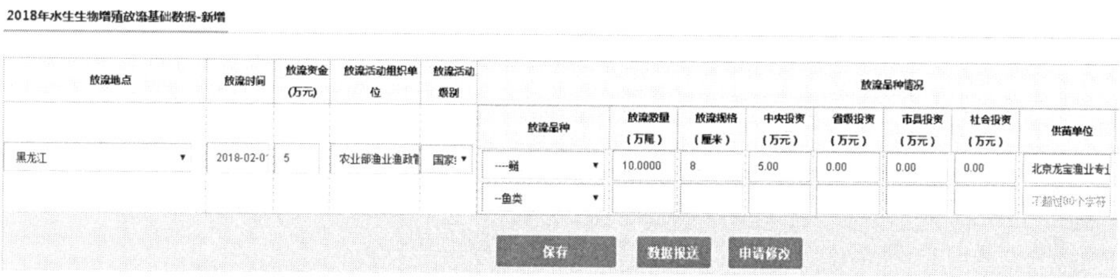

图5-72 《水生生物增殖放流基础数据统计表》报表填报界面

如果出现图5-73的情况则为上级还未为报表填报用户分配报表，请联系上级单位。如果上级单位还未分配放流品种、放流地点，或者本单位还未上报年度增殖放流供苗单位，均会出现类似的页面弹出框，请先完成相关工作再进行填写。

图5-73 《水生生物增殖放流基础数据统计表》报表填报弹出框界面

水生生物增殖放流基础数据填报需先添加前一部分的事件，再在后面添加详细的清单（图5-74）。前半部分的放流资金不用填写，由后半部分填完后系统自动计算形成。具体每项填报指标的填写方法请查看页面上方的【填报说明】。如果一次放流活动放流两种及以上物种，请依次填写。填完一种后点击右侧操作栏【保存】再填写下一种（图5-75），直至一次放流活动全部放流物种均填写完成，再点击填写表格下方【保存】（图5-74），所有填写数据将显示在新增填写表格的上方以便查看修改。如果有两次及以上放流活动，请在下方新增填写表格处继续填写，重复以上步骤。当本年度所有的活动添加完毕并核实无误后，可点击【数据报送】按钮进行报送，等待上级审核即可。注意：放流活动级别，"国家级"指农业部参与组织的增殖放流活动，并不是指使用中央财政资金的增殖放流活动。同理，省级、市县级也是如此。

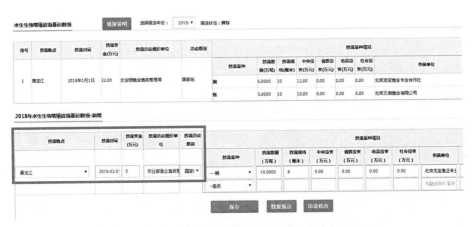

图5-74 《水生生物增殖放流基础数据统计表》报表填报前部分

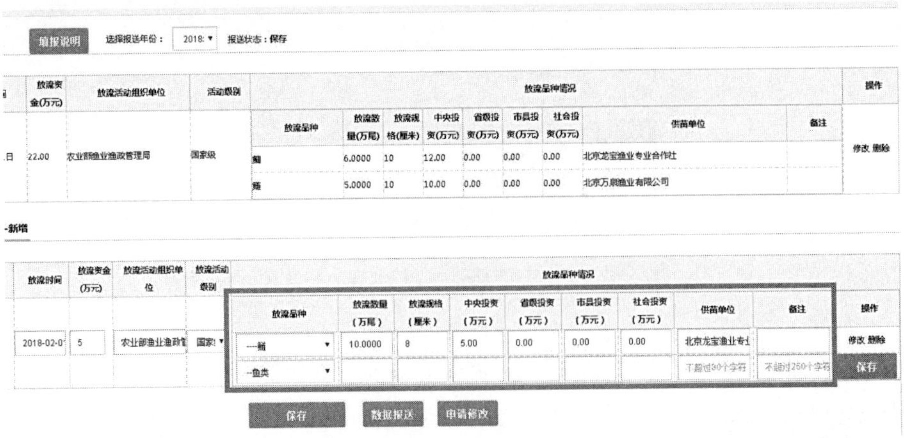

图5-75 《水生生物增殖放流基础数据统计表》报表填报后部分

　　填写供苗单位时，系统会弹出供苗单位选择页面（图5-76），选择承担本次增殖放流活动的供苗单位后点击确定即可。如属其他行政区域的供苗单位请在所属区域一栏选择省市县后点击查询找到相应供苗单位点击选择再点击确定即可。如供苗单位基础数据库中确实没有该单位，可通过返回操作菜单-供苗单位信息栏进行供苗单位新增，或者在单位列表中选择"其他"。

图5-76　《水生生物增殖放流基础数据统计表》供苗单位选择页面

　　2．查看　打开【数据报送】，选择报送年份，再点击水生生物增殖放流基础数据统计表栏点击【报送】，即打开填报页面，在页面右上角"报送状态"栏查看基础报表填报进展情况（图5-77）。报送状态包括未填报、保存、报送、市审核、省审核、部审核、驳回、申请修改8种状态。在不同状态下，报表填报用户可进行不同的操作。

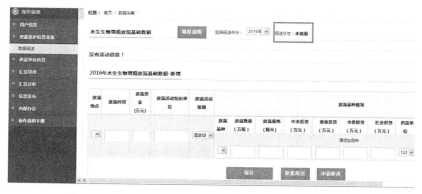

图5-77　《水生生物增殖放流基础数据统计表》报表查看界面

（1）其中"未填报"指的是该行政区域已分配基础报表，但还未进行数据填报。在此状态下，可进行数据填报。

（2）"保存"指的是该行政区域已填写基础报表，但还未进行数据报送。在此状态下，可进行数据修改、删除和报送。

（3）"报送"指的是该行政区域已报送基础报表，但上级单位还未进行数据审核。在此状态下，可进行数据申请修改。

（4）"市审核"和"省审核"分别表示该行政区域报送的基础报表已通过市级管理员和省级管理员审核。在此状态下，可进行数据申请修改。

（5）"部审核"表示该行政区域报送的基础报表已通过农业部管理员审核，也表明基础报表报送工作已完成。在此状态下，可进行数据申请修改。

（6）"驳回"表示该行政区域报送的基础报表被上级单位驳回，需修改后重新上报。在此状态下，可进行数据修改、删除和报送。

（7）"申请修改"表示该行政区域申请修改已报送的基础报表。在此状态下，不可以进行操作。

（三）《渔业水域污染事故情况调查基础报表》

同水生生物增殖放流基础数据填报一样，需先添加前一部分的事件，再在后面添加详细的清单。如果一次水域污染事故损失对象为两种及以上种类，请依次填写。填完一种后点击右侧操作栏【保存】再填写下一种，直至一次污染事故损失对象情况全部填写完成，再点击填写表格下方【保存】，所有填写数据将显示在新增填写表格的上方以便查看修改。如有两次及以上渔业污染事故，请在下方新增填写表格处继续填写，重复以上步骤。当本年度所有的事故添加完毕并核实无误后，可点击【数据报送】按钮进行报送，等待上级审核即可。具体查看和填报方法同《水生生物增殖放流基础数据统计表》。

（四）《渔业生态环境影响评价工作情况调查基础报表》

具体每项填报指标的填写方法请查看页面上方的【填报说明】。以一次渔业生态环境影响评价工作为单位进行基础数据填报，逐条添加数据，审核无误后，点击【数据报送】按钮进行报送，等待上级审核即可。具体查看方法同《水生生物增殖放流基础数据统计表》。

（五）《禁渔区和禁渔期制度实施情况基础报表》

具体每项填报指标的填写方法请查看页面上方的【填报说明】。以一项禁渔制度实施为单位进行基础数据填报，逐条添加数据，审核无误后，点击【数据报送】按钮进行报送，等待上级审核即可。具体查看方法同《水生生物增殖放流基础数据统计表》。

（六）《新建自然保护区、水产种质资源保护区情况基础报表》

具体每项填报指标的填写方法请查看页面上方的【填报说明】。以一个新建（晋升）水生生物自然保护区和水产种质资源保护区为单位进行基础数据填报，逐条添加数据，审核无误后，点击【数据报送】按钮进行报送，等待上级审核即可。具体查看方法同《水生生物增殖放流基础数据统计表》。

（七）《濒危物种专项救护情况基础报表》

具体每项填报指标的填写方法请查看页面上方的【填报说明】。以一个濒危物种专项救护为单位进行基础数据填报，逐条添加数据，审核无误后，点击【数据报送】按钮进行报送，等待上级审核即可。具体查看方法同《水生生物增殖放流基础数据统计表》。

（八）《人工鱼礁（巢）/海洋牧场示范区建设情况基础报表》

具体每项填报指标的填写方法请查看页面上方的【填报说明】。以建设一处人工鱼礁（巢）、海洋牧场和创建一处海洋牧场示范区为单位进行基础数据填报，逐条添加数据，每一条信息填写先选择类型，再填写数据。审核无误后，点击【数据报送】按钮进行报送，等待上级审核即可。具体查看方法同《水生生物增殖放流基础数据统计表》。

（九）《农业资源及生态保护补助项目增殖放流情况基础报表》

具体每项填报指标的填写方法请查看页面上方的【填报说明】。报表只需要填写每一项的实际金额和数量，合计数自动计算，无需填写。填写完毕审核无误后，点击【数据报送】按钮进行报送，等待上级审核即可。具体查看方法同《水生生物增殖放流基础数据统计表》。

（十）《报送总结材料》

具体每项填报指标的填写方法请查看页面上方的【填报说明】。填写报送标题，依次点击相应【浏览】按钮插入上报文件，最后点击【数据报送】按钮进行报送，等待上级审核即可。证明材料和相关活动图片资料栏，多张图片需要上传请压缩为rar或zip文件后上传。注意：除各区县级用户要报送相应的总结材料外，地市级管理员要通过地市本级用户账号报送本地区的总结材料，省级管理员要通过省本级用户账号报送本省的总结材料。

三、供苗单位信息

供苗单位信息包括"单位管理/新增""中央财政增殖放流供苗单位列表"等功能。

（一）单位管理/新增

1. 功能设置 该功能可以对单位所在地为本行政区划范围的各种增殖放流供苗单位进行管理。包括查看、审核、删除、修改本行政区划范围内的供苗单位，以及新增全国范围的供苗单位。增殖放流供苗单位指的是承担增殖放流苗种供应任务的苗种生产单位，包括各级财政和社会资金支持的增殖放流工作，供应的苗种不仅限于经济物种，还包括珍稀濒危物种。

2. 功能权限 报表填报用户可以通过"单位管理"功能查看所有供苗单位信息，包括报送状态为审核通过、未报送、已报送、驳回申请的本行政区域内各种供苗单位。并可将供苗单位报送的符合要求的供苗单位信息审核通过，不符合要求的进行驳回，同时还可以对所有供苗单位进行修改和删除。部直属单位用户、省本级用户、地市本级用户、地市直属单位用户、省直属单位用户可以查看单位所在地填写为相应的部直属单位、省本级、地市本级、地市直属单位、省直属单位的供苗单位信息，并对其进行管理。

报送状态为"未报送"的供苗单位指的是企业已填报但未提交所属行政区域主管部门审核的供苗单位；"已报送"的供苗单位是指企业已填报并提交所属行政区域主管部门审核，但主管部门还未审核的供苗单位；"审核通过"的供苗单位指的是指企业已填报并提交所属行政区域主管部门审核并且通过审核的供苗单位；"驳回申请"的供苗单位指企业已填报并提交所属行政区域主管部门审核，但主管部门予以驳回的供苗单位。报表填报用户通过"单位管理"功能可以对所有供苗单位信息进行修改和删除，可以通过"新增"功能自行新增供苗单位。

3. 新增供苗单位的具体操作 具体操作方法与省级管理员的操作方法类似。点击【增加】可添加新的供苗单位。注意：可以添加本行政区域外的供苗单位，但在单位管理中查看不到，在该供苗单位所在行政区域（包括省、地市、区县三级）管理员及用户可以看到。供苗单位信息填报包括基本信息、其他信息、亲本信息、供苗能力、供苗任务5部分，需要依次填写，具体填写方法请点击每个填写页面上端的填报说明。基本信息页面填完后，请点击页面下方的【保存】，继续填写供苗单位的其他信息。

其他信息填写完成后请点击页面下方的【保存】，继续填写供苗单位的亲本信息。请按基本信息页面填写的供苗种类依次填写每个种类的亲本情况，每填写完成一个种类的亲本情况，请点击【保存】，继续填写下一个种类的亲本情况，全部种类的亲本情况填写完成后请点击【添加供苗能力】。

　　按照亲本情况的填写方法全部填写完成供苗能力情况后请点击【添加供苗任务】，继续填写每一个种类的年度增殖放流情况。按照亲本情况的填写方法全部填写完成供苗任务情况后，请点击【结束填写】，即完成全部供苗单位信息的填写，出现供苗单位信息修改审核页面，点击【审核通过】，即审核通过供苗单位。系统页面返回到供苗单位管理的初始界面。

　　注意：如果供苗单位未能一次全部填写完成，下次登录后在供苗单位信息栏点击"单位管理"，找到相应的供苗单位名称，点击打开继续填写完成即可。

　　4．供苗单位管理的具体操作　　如要对供苗单位信息进行修改或删除，点击【单位管理】可进入供苗单位管理的初始界面。可以选择供苗单位资质、所属行政区划、供苗单位关键字和报送状态对供苗单位进行检索。可以在操作栏点击"审核"和"驳回"对自行填写和供苗单位上报的供苗单位信息进行审核，点击"重置密码""基本信息""其他信息""亲本信息""供苗能力""供苗任务"对供苗单位的相应信息进行修改。点击"导出"，系统将打开新页面显示苗种生产单位信息登记表，点击左上角的"导出为word"，可将当前信息保存为word文件并下载到客户端保存。在供苗单位管理的初始界面，点击"单位名称"栏相应的供苗单位名称，可进入供苗单位信息提交审核界面，同样也可以对供苗单位各项信息进行修改，以及导出供苗单位信息。

　　5．注意事项　　报表填报用户可将供苗单位报送或自行新增的符合要求的供苗单位审核通过，不符合要求的进行驳回。对供苗单位报送信息进行审核属于报表填报单位（基层填报单位）的权限和责任。

　　（二）中央财政增殖放流供苗单位列表

　　1．功能设置　　该功能主要是为了查看本行政区划内各子单位中央财政供苗单位自动汇总的总体情况，包括单位名称、放流地点、放流时间、放流品种、放流数量、放流资金及中央投资金额等情况。

　　2．功能权限　　报表填报用户可以通过"中央财政增殖放流供苗单位列表"功能查看本辖区中央财政增殖放流供苗单位自动汇总的总体情况。

　　3．具体操作　　点击【中央财政增殖放流供苗单位列表】，选择所属年度及区域，再点击【检索】，就可以查看某一年度和某一行政区划中央财政增殖放流供苗单位自动汇总的情况。点击"单位名称"栏中的供苗单位名称，可以查看年度上报供苗单位的详细信息，并可以导出为word文件。

四、汇总导出

（一）功能设置

该栏目包括汇总导出本行政区域内《海洋生物资源增殖放流统计表》《淡水物种增殖放流统计表》《珍稀濒危水生野生动物增殖放流统计表》《水生生物增殖放流基础数据统计表》《渔业污染事故情况调查统计表》《渔业生态环境影响评价工作情况调查统计表》《禁渔区和禁渔期制度实施情况统计表》《新建自然保护区和水产种质资源保护区情况调查统计表》《濒危物种专项救护情况调查统计表》《人工鱼礁（巢）/海洋牧场示范区建设情况统计表》《农业资源及生态保护补助项目增殖放流情况统计表》《中央财政增殖放流供苗单位汇总表》12个统计表的功能。打开《中央财政增殖放流供苗单位汇总表》，点击单位名称栏中的每一个供苗单位名称可以查看中央财政增殖放流供苗单位的详细信息，并可以导出《中央财政增殖放流苗种生产单位信息登记表》。这13个统计表反映了行政区域内年度资源养护工作的基本情况，供相关行政主管部门备案和参考。

（二）功能权限

通过该功能可以汇总导出报表填报单位报送的已经审核或未经审核的各个基础报表。原则上只要该行政区域已分配填报报表，即使还未填写相关信息，也可以进行汇总导出操作。

（三）具体操作

具体操作方法与地市级管理员的操作方法类似。

1. 海洋生物资源增殖放流统计表　该汇总统计表主要反映某个行政区划分配的各种海水物种放流情况。具体操作与农业部管理员的操作方法类似，请查看本章第四节第六段第三部分。

2. 淡水物种增殖放流统计表　该汇总统计表主要反映某个行政区划分配的各种淡水物种（包括淡水广布种和淡水区域种）放流情况。具体操作与农业部管理员的操作方法类似，请查看本章第四节第六段第三部分。

3. 珍稀濒危水生野生动物增殖放流统计表　该汇总统计表主要反映某个行政区划分配的各种珍稀濒危物种放流情况。具体操作与农业部管理员的操作方法类似，请查看本章第四节第六段第三部分。

4．水生生物增殖放流基础数据统计表　该汇总统计表主要反映某个行政区划内各个分配水域的各种物种的具体放流情况。具体操作与农业部管理员的操作方法类似，请查看本章第四节第六段第三部分。

5．渔业水域污染事故情况调查统计表　该汇总统计表主要反映年度该行政区域内渔业水域污染事故的基本情况。具体操作与农业部管理员的操作方法类似，请查看本章第四节第六段第三部分。

6．渔业生态环境影响评价工作情况调查统计表　该汇总统计表主要反映年度该行政区域内渔业生态环境影响评价工作的基本情况。具体操作与农业部管理员的操作方法类似，请查看本章第四节第六段第三部分。

7．禁渔区和禁渔期制度实施情况统计表　该汇总统计表主要反映年度该行政区域内禁渔期和禁渔区制度实施的基本情况。具体操作与农业部管理员的操作方法类似，请查看本章第四节第六段第三部分。

8．新建自然保护区、水产种质资源保护区情况调查统计表　该汇总统计表主要反映年度该行政区域内新建（晋升）自然或水产种质资源保护区的基本情况。具体操作与农业部管理员的操作方法类似，请查看本章第四节第六段第三部分。

9．濒危物种专项救护情况统计表　该汇总统计表主要反映年度该行政区域内濒危物种专项救护工作的基本情况。具体操作与农业部管理员的操作方法类似，请查看本章第四节第六段第三部分。

10．人工鱼礁（巢）/海洋牧场示范区建设情况统计表　该汇总统计表主要反映年度该行政区域内人工鱼礁（巢）/海洋牧场示范区建设的基本情况。具体操作与农业部管理员的操作方法类似，请查看本章第四节第六段第三部分。

11．农业资源及生态保护补助项目增殖放流情况统计表　该汇总统计表主要反映年度内该行政区域农业资源及生态保护补助项目增殖放流的基本情况。具体操作方法与农业部管理员的操作方法类似，请查看本章第四节第六段第三部分。

12．中央财政增殖放流供苗单位汇总表　该汇总统计表主要反映年度中央财政增殖放流苗种生产单位的基本情况。具体操作方法与农业部管理员的操作方法类似，请查看本章第四节第六段第三部分。

五、汇总分析

（一）功能设置

该栏目包括汇总导出本行政区域内《各地区增殖放流关键数据汇总分析表》

《各水域增殖放流基础数据汇总分析表》《海洋生物资源增殖放流汇总分析表》《淡水广布种增殖放流汇总分析表》《淡水区域种增殖放流汇总分析表》《珍稀濒危物种增殖放流汇总分析表》《增殖放流供苗单位各品种亲本情况汇总分析表》《增殖放流供苗单位各品种供苗能力汇总分析表》《各区域增殖放流水域面积汇总分析表》9个汇总分析表的功能。这9个汇总分析表主要对资源养护相关工作情况进行整理汇总，重点突出在增殖放流基础数据和供苗管理方面进行深入分析，为相关工作的规范开展和持续发展提供参考。

（二）功能权限

通过该功能可以对报表填报单位报送的已经审核或未经审核的各个基础报表数据进行深入分析，并且可以汇总导出。原则上只有该行政区域已分配填报报表，即使还未填写相关信息，也可以进行汇总导出操作。

（三）具体操作

具体操作方法与农业部管理员的操作方法类似。

1. **各地区增殖放流关键数据汇总分析表**　该表的主要功能是对该行政区域及各下级行政区划的放流总体情况（放流数量和资金）进行比较，也可以对各品种大类的放流情况进行比较。具体操作方法与农业部管理员的操作方法类似，请查看本章第四节第七段第三部分。

2. **海洋生物资源增殖放流汇总分析表**　该表的主要功能是对该行政区域及各下级行政区划放流的各种海洋物种情况（放流数量和资金）进行比较，既可以比较同一物种不同区域的放流情况，也可以比较同一区域不同物种的放流情况。具体操作方法与农业部管理员的操作方法类似，请查看本章第四节第七段第三部分。

3. **淡水广布种增殖放流汇总分析表**　该表的主要功能是对该行政区域及各下级行政区划放流的各种淡水广布种情况（放流数量和资金）进行比较，既可以比较同一物种不同区域的放流情况，也可以比较同一区域不同物种的放流情况。具体操作方法与农业部管理员的操作方法类似，请查看本章第四节第七段第三部分。

4. **淡水区域种增殖放流汇总分析表**　该表的主要功能是对该行政区域及各下级行政区划放流的各种淡水区域种情况（放流数量和资金）进行比较，既可以比较同一物种不同区域的放流情况，也可以比较同一区域不同物种的放流情况。具体操作方法与农业部管理员的操作方法类似，请查看本章第四节第七段第三部分。

5．珍稀濒危物种增殖放流汇总分析表　该表的主要功能是对该行政区域及各下级行政区划放流的各种珍稀濒危物种情况（放流数量和资金）进行比较，既可以比较同一物种不同区域的放流情况，也可以比较同一区域不同物种的放流情况。具体操作方法与农业部管理员的操作方法类似，请查看本章第四节第七段第三部分。

6．增殖放流供苗单位各品种亲本情况汇总分析表　该表的主要功能是分析该行政区域及各下级行政区划范围内的增殖放流供苗单位的各品种亲本情况，为科学评估该行政区域及各下级行政区划的增殖放流各品种供苗能力提供参考。既可以查看特定行政区划某个放流品种的亲本情况，也可以对特定行政区划各种放流品种的亲本情况进行比较，了解掌握各种放流品种的亲本情况。具体操作方法与农业部管理员的操作方法类似，请查看本章第四节第七段第三部分。

7．增殖放流供苗单位各品种供苗能力汇总分析表　该表的主要功能是分析该行政区域及各下级行政区划范围内的增殖放流供苗单位的各品种苗种供应情况，为科学评估该行政区域及各下级行政区划的增殖放流各品种供苗能力提供参考。既可以查看特定行政区划某个放流品种的亲苗种供应情况，也可以对特定行政区划各种放流品种的苗种供应能力进行比较，了解掌握各种放流品种的苗种供应情况。具体操作方法与农业部管理员的操作方法类似，请查看本章第四节第七段第三部分。

8．各水域增殖放流基础数据汇总分析表　该表的主要功能是打破行政区域界限，以水域划分的视角来分析全国各水域增殖放流的基本情况，为相关部门科学评估该水域增殖放流效果提供参考。既可以查看全国各大片区（东北、华北、渤海、东海等）增殖放流的基本情况，也可以查看全国各种地点类型（重要江河、重要湖泊、重要水库、重要海域等）增殖放流的基本情况，还可以查看全国各所属水域划分（流域、水系、海区等）增殖放流的基本情况，还可以查看具体规划放流地点增殖放流的基本情况。具体操作方法与农业部管理员的操作方法类似，请查看本章第四节第七段第三部分。

9．各区域增殖放流水域面积汇总分析表　该表的主要功能是查看本行政区划或下级行政区划增殖放流规划水域及面积。规划水域的数据来源于《农业部关于做好"十三五"水生生物增殖放流工作的指导意见》附表，此外根据实际情况添加了非规划水域。具体规划水域数据情况见《增殖放流基础数据库》相关材料。具体操作方法与农业部管理员的操作方法类似，请查看本章第四节第七段第三部分。

六、信息发布

该栏目包括通知公告、工作动态管理和发布3项功能。

1. **通知公告**　报表填报用户通过"公告管理"功能可查看农业部、省级管理员、地市级管理员等上级管理员发布的通知公告。

2. **工作动态管理｜发布**　报表填报用户通过"工作动态管理"功能可查看、修改和删除自行发布的工作动态，通过"发布"功能可以发布工作动态。报表填报用户发布的工作动态经农业部管理员审核后可在系统首页"工作动态"栏显示。点击页面左侧"工作动态管理"按钮，页面出现信息管理界面，找到需要处理的信息行，在操作栏点击修改或删除，即可进行工作动态信息的修改和删除。点击页面左侧"发布"按钮，页面出现信息发布界面，依次填写信息标题，选择信息图片，填写信息具体内容，再点击确定发布即完成信息发布。该发布系统支持类似word编辑器的应用，方便用户编辑使用。可直接发布图片，也可以在编辑器中上传图片。注意：直接发布图片为首页轮换图片，同时在正文中也会显示。信息发布排列顺序按信息发布时间的先后确定，最新发布的信息显示在最上端。

七、内部办公

该栏目包括分为未答复的问题、已答复的问题、提交问题3项功能。报表填报用户可以通过"未答复的问题"功能可查看和删除自己提出的未收到答复的问题，通过"已答复的问题"功能可查看自己提出的收到答复的问题，以及别人提出的农业部管理员公开答复的问题，通过"提交问题"可以提出需要农业部管理员答复的问题。

八、操作说明手册

通过该栏目可以下载系统的操作手册。

第八节 供苗单位用户（企业）操作方法

供苗单位是指承担增殖放流苗种供应任务的苗种生产单位，这里的增殖放流项目包括各级财政和社会资金支持的增殖放流工作，供应的苗种不仅限于经济物种，还包括珍稀濒危物种。供苗单位用户权限属于系统供苗单位使用权限。在此权限下，可进行增殖放流供苗单位的信息填写、上报和修改。主要功能包括供苗单位注册、供苗单位信息填写、内部办公等。

一、供苗单位注册

供苗单位用户通过该功能可以在系统上注册账号。输入网址（http://zyyh.cnfm.com.cn/），或者在"中国渔业政务网（http://www.yyj.moa.cn/）的首页左侧下端相关链接栏，点击"水生生物资源养护信息采集系统"，即可进入信息系统的用户登录界面（图5-78），点击【供苗单位注册】进入注册界面（图5-79），填写用户名、密码，点击注册即可。如果注册时系统提示"用户名重复"，表示已有其他用户使用该用户名注册，请更换其他用户名注册。建议用户名使用供苗单位名称，以避免与其他用户名重复。

图5-78 供苗单位登录界面

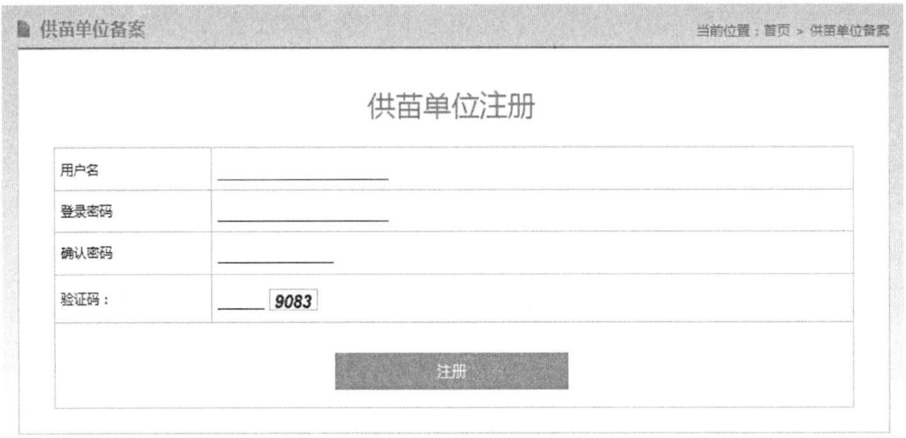

图5-79　供苗单位注册界面

二、供苗单位登录

供苗单位注册后点击【登录】，出现登录界面后输入用户名、密码、验证码进行登录。

三、供苗单位信息填写

（一）功能设置

通过该功能可以填写供苗单位的基本信息、其他信息、亲本情况、供苗能力、供苗任务等相关信息，并提交所属渔业行政主管部门审核。同时还可以通过系统导出供苗单位信息。

（二）具体操作

首次登录系统后需要填写供苗单位的基本信息，在填表前先查看填表说明。供苗单位信息填报包括基本信息、其他信息、亲本信息、供苗能力、供苗任务5部分，需要依次填写。点击左边菜单栏中【基本信息】栏，在右边显示区中会出现所要填写的信息，填写完毕后点击保存即可，如图5-80所示。注意：部直属单位所属供苗单位，单位所在地选择部直属单位；省本级（省直属单位）所属供苗单位，单位所在地选择所属省行政区划名称+省本级（省直属单位），地市本级（地市直属单位）所属供苗单位，单位所在地选择所属省行政区划名称+地市行政区划名称+市本级（地市直属单位）。如果供苗单位未能一次全部填写完成，下次登录后在供苗单位信息栏点击"单位管理"，找到相应的供苗单位名称，点击打开继续填写完成即可。

图5-80 供苗单位基本信息填写界面

点击保存后会页面自动跳转到单位其他信息填写界面。其他信息填写完成后请点击页面下方的【保存】，页面自动跳转到增殖放流亲本情况填写界面（图5-81）。

图5-81 增殖放流苗种亲本情况填写界面

请依次填写每个种类的亲本情况，每填写完成一个种类的亲本情况请点击【确定】，继续填写下一个种类的亲本情况，全部种类的亲本情况填写完成页面自动跳转到增殖放流苗种供应能力填写界面（图5-82）。

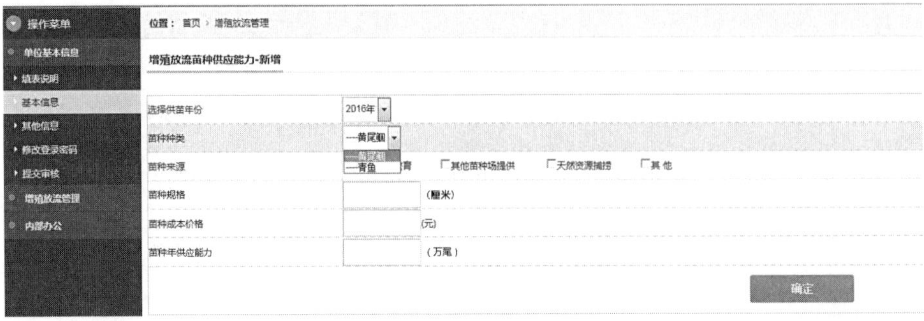

图5-82　增殖放流苗种供应能力填写界面

　　请依次填写每个种类的苗种供应能力，全部种类的苗种供应能力情况填写完成界面自动跳转到承担增殖放流任务情况填写界面（图5-83）。

图5-83　承担增殖放流任务情况填写界面

　　请依次填写每个种类的年度增殖放流情况，同一物种在不同地点或不同时间放流的应分别填写，即每个种类年度增殖放流情况可填写一次至多次。放流水域的所属水域划分请对照查看系统首页基础数据库《增殖放流水域划分数据库》进行确定，如果仍不能确定，请选择所属水域划分下拉框中最后一条"不能确定"。填写完一次增殖放流情况，点击【确定】继续填写下一次增殖放流情况。全部种类的承担增殖放流任务情况填写完成后请点击页面下端的【结束填写完毕】，界面自动跳转到供苗单位信息提交审核界面（图5-84）。

　　请认真核对每一项填写信息，如果需要修改，请点击相应的【修改】按钮，进入修改界面进行修改，修改完毕点击界面下端【保存】按钮。然后点击界面左端的【提交审核】栏，再次进入供苗单位信息提交审核界面。确认无误后点击【提交审核】按钮，页面弹出对话框显示"已报送，请等待审核"，表示供苗单位信息已报送所属行政主管部门审核。

图5-84　供苗单位信息提交审核界面

请及时联系上级主管部门（供苗单位所属行政区划渔业主管部门）进行审核。若上级单位已审核通过，供苗单位再次登录后，首页将显示审核状态为"审核通过"。若还未审核则显示"已报送"。若被上级单位驳回，则显示"驳回申请"，请修改后再次提交审核。若显示"审核通过"，请点击界面左端的【提交审核】栏，打开提交审核界面，点击界面下方的【导出】按钮，将供苗单位信息导出保存为word文件，盖章后以正式文件方式报送所属行政主管部门，至此供苗单位即完成供苗单位信息上报。

四、内部办公

点击【通知公告】按钮，可查看所属行政主管部门及上级单位的相关通知公告。

五、操作说明手册

通过该栏目可以下载系统的操作手册。

第九节 资源养护专家操作方法

资源养护专家是指水生生物增殖放流、保护区建设、海洋牧场建设、水生野生动物保护、水域环境影响评价、外来物种监管、水域污染、生态灾害防控等领域的专家，包括科研、推广、教学、企业、社会团体组织（资源养护相关协会，重要的资源养护活动实施单位等）的相关人员。不仅包括科研领域的研究型专家，还包括行政部门的管理型专家，项目实施单位的技术性专家。专家用户权限属于系统专家使用权限。在此权限下，可进行专家信息填写、上报和修改。主要功能包括专家注册、专家信息填写、查看专家等。

一、专家注册

资源养护专家通过该功能可以在系统上注册账号。输入网址（http://zyyh.cnfm.com.cn/），或者在"中国渔业政务网（http://www.yyj.moa.cn/）"的首页左侧下端相关链接栏，点击"水生生物资源养护信息采集系统"即可进入信息系统的用户登录界面（图5-85），点击【专家注册】进入注册界面，填写用户名、密码，点击注册即可。如果注册时系统提示"用户名重复"，表示已有其他用户使用该用户注册，请更换其他用户注册。建议用户名使用专家姓名，以避免与其他用户名重复。如果使用专家姓名后，系统仍显示用户名重复，说明该用户名已有

图5-85 资源养护专家登录界面

专家进行填写，请与系统管理员联系。

二、专家登录

专家注册后点击【登录】，出现登录界面后输入用户名、密码、验证码进行登录。

三、专家信息填写

（一）功能设置

通过该功能可以填写专家的基本信息、工作学习经历信息、工作领域信息、联系信息、相关管理信息等相关内容，并提交单位所在地的省级渔业行政主管部门（包括部直属单位）审核。同时还可以通过系统导出专家信息信息表。

（二）具体操作

首次登录系统后右侧显示审核状态（图5-86）。审核状态为"已保存"，表示专家填写信息已保存，但未提交省级渔业行政主管部门；审核状态为"已报送"，表示专家填写信息已提交省级渔业行政主管部门，但还未审核；审核状态为"已审核"，表示专家填写信息省级渔业行政主管部门已审核通过；审核状态为"已驳回"，表示专家填写信息省级渔业行政主管部门已予以驳回。

图5-86　资源养护专家登录初始界面

在填写专家信息表前可先查看填表说明。专家信息填报包括基本信息、工作学习经历信息、工作领域信息、联系信息、相关管理信息5部分内容。点击页面左侧的"信息填写"依次填写专家相关信息（图5-87）。基本信息栏填完后可点击页面下方的【保存】，暂停填写。下次继续填写可打开"专家管理"功能找到所填写专家信息栏点击"修改"即可。注意：专家信息表填写必须在基本信息栏全部填写完毕后才能点击"保存"，否则下次继续填写可能在系统中找不到相关信息。部直属单位所属专家，单位所在地选择部直属单位。

图5-87　资源养护专家信息填写初始界面

相关管理信息一栏，专家只需填写所属类别和入库以来参与工作两项内容。专家信息表所有信息填写完毕后，可点击"保存"（图5-88）。确认无误后，可点击"提交"即完成专家信息填写上报。

图5-88　资源养护专家信息填写保存提交界面

专家提交填写信息后，请及时联系上级主管部门（单位所在地所属省级渔业行政主管部门）进行审核。若上级单位已审核通过，专家再次登陆后首页将显示审核状态为"审核通过"，若还未审核则显示"已报送"，若被上级单位驳回则显示"已驳回"，请修改后再次提交审核。注意：若专家对所填信息进行修改，并保存或提交，则审核状态将重新恢复为"已报送"。

四、导出表格

专家登录后点击页面左端的【导出表格】栏，页面显示专家信息表的详细信息，点击界面上方的【导出】按钮，将专家信息导出保存为word文件，单位盖章后以正式文件方式报送所属省级渔业行政主管部门，至此专家即完成信息上报。

五、修改登录密码

点击【修改登录密码】按钮，可修改专家登录密码。

六、查看专家

通过该功能可查看全国所有资源养护领域相关专家的基本信息，并可导出为专家汇总表excel文件（图5-89）。还可以选择单位所在地、单位所属系统、单位性质、职称、性别、年龄、所属类别、推荐工作领域、省级认定、部级认定、姓名11项指标对资源养护专家进行检索。

图5-89 查看专家页面

第六章

资源养护基础数据库

　　资源养护基础数据库包括水生生物资源数据库、增殖放流水域划分数据库、增殖放流基础数据库、水产种质资源保护区数据库、水生生物自然保护区数据库、增殖放流供苗单位数据库、珍稀濒危苗种供应单位数据库、全国水产原良种体系数据库以及人工鱼礁（巢）海洋牧场数据、资源养护专家数据库10个数据库的相关数据。数据库数据来源于各地报送的资源养护基础数据以及农业部管理员根据历史数据自行添加的相关数据。其中水生生物资源数据库、增殖放流水域划分数据库、增殖放流基础数据库3个数据库相关数据作为基础报表和供苗单位信息填报的重要依据指标，对数据的统计汇总发挥着重要作用。数据库可以在一定程度上反映水生生物资源养护工作开展情况，并可以为资源养护相关科研工作提供重要基础数据。

第一节　水生生物资源数据库

一、设计依据

　　该数据库中数据为增殖放流物种的生物学特征数据。数据资料主要来源于《农业部关于做好"十三五"水生生物增殖放流工作的指导意见》（以下简称"《指导意见》"）中的附表2-1《淡水主要增殖放流经济物种（广布种）适宜性评价表》、附表2-2《淡水主要增殖放流经济物种（区域性物种）适宜性评价表》、附表2-3《海洋主要增殖放流物种适宜性评价表》和附表2-4《主要增殖放流珍稀濒危物种适宜性评价表》。

二、设计目的

　　该数据库数据主要用于增殖放流基础数据、增殖放流供苗单位、新建自然保护区和水产种质资源保护区情况调查，以及濒危物种专项救护等信息统计分析。设计目的主要是通过建立水生生物数据库实现物种统计指标标准化、规范化、科学化。

三、数据内容

　　为方便数据统计分析，将水生生物物种参考《指导意见》的划分方法分为5大类，分别为：淡水广布种、淡水区域种、海水物种、珍稀濒危物种和非增殖放流物种。

（一）淡水广布种

淡水广布种划分为：鱼类、虾蟹类、其他类和非规划淡水广布种4类。其中鱼类、虾蟹类、其他类均为《指导意见》规划的淡水广布种，非规划淡水广布种为未列入《指导意见》规划的淡水广布性物种。鱼类包括鲢、鳙、细鳞鲴、黄尾鲴、草鱼、青鱼、鳊、赤眼鳟、鲂、花䱻、唇䱻、泥鳅、黄颡鱼、翘嘴鲌、蒙古鲌、青梢红鲌、鲇、鳜18种。虾蟹类包括日本沼虾、中华绒螯蟹2种。其他类包括中华鳖1种。凡是不在《指导意见》规划目录中的淡水广布性物种均可列入非规划淡水广布种，目前已包括鲤、鲫、红鳍鲌、马口鱼、乌龟等物种（表6-1）。种类可以考虑各地增殖放流的实际情况，根据各地的实际需要进行添加。

表6-1　淡水广布种分类情况表

序号	类别	包括种类	是否列入《指导意见》规划
1	鱼类	鲢、鳙、细鳞鲴、黄尾鲴、草鱼、青鱼、鳊、赤眼鳟、鲂、花䱻、唇䱻、泥鳅、黄颡鱼、翘嘴鲌、蒙古鲌、青梢红鲌、鲇、鳜	是
2	虾蟹类	日本沼虾、中华绒螯蟹	是
3	其他类	中华鳖	是
4	非规划淡水广布种	鲤、鲫、红鳍鲌、马口鱼、乌龟、乌鳢、银鱼、鳡、圆吻鲴、银鲴等以及其他需要添加的种类	否

（二）淡水区域种

淡水区域种划分为：东北区域种、西北区域种、长江水系区域种、东南区域种、通海江河下游、云南特有鱼类、新疆特有鱼类、高原特有鱼类以及非规划淡水区域种等8类。其中东北区域种、西北区域种、长江水系区域种、东南区域种、通海江河下游、云南特有鱼类、新疆特有鱼类、高原特有鱼类均为《指导意见》规划的淡水区域种，非规划淡水区域种为未列入《指导意见》规划的淡水区域性物种。东北区域种包括瓦氏雅罗鱼、滩头雅罗鱼、珠星雅罗鱼、怀头鲇、江鳕、大麻哈鱼、乌苏里拟鲿、黑斑狗鱼8种。西北区域种包括兰州鲇、大鳍鼓鳔鳅2种。长江水系区域种包括泉水鱼、黑尾近红鲌、团头鲂、瓦氏黄颡鱼、白甲鱼、湘华鲮、中华倒刺鲃、厚颌鲂、湖南吻鮈、中华沙鳅、长吻鮠、圆口铜鱼、南方鲇、大鳍鳠、华鲮15种。东南区域种包括大鳞白鲢、南方白甲鱼、倒刺鲃、鲮、桂华鲮、光倒刺鲃、胡子鲇、海南红鲌、大刺鳅、广东鲂、光唇鱼、半刺厚唇鱼、斑鳠、大眼鳜14种。通海江河下游区域种包括香鱼1种。云南特有鱼类包括鱇鱍白鱼、云南倒刺鲃、抚仙四须鲃、叉尾鲇、丝尾鳠、星云白鱼、程海白鱼、春鲤、杞麓鲤、云南光唇鱼、墨脱华鲮、云南华鲮、暗色唇鲮、中国结鱼、软鳍新光唇鱼、异口新光唇鱼、腾冲墨头鱼、中臀拟鲿、保山新光唇鱼19种。新疆特有鱼类包括丁鱥、河鲈、梭鲈、白斑狗鱼、贝加尔雅罗鱼、高体雅罗鱼、准噶尔雅罗鱼、东方欧鳊、叶尔羌高原鳅、伊犁裂腹鱼10种。高原特有鱼类包括齐口裂腹鱼、重口裂腹鱼、中华裂腹鱼、四川裂腹鱼、昆明裂腹鱼、短须裂腹鱼、长丝裂腹鱼、小裂腹鱼、小口裂腹鱼、宁蒗裂腹鱼、厚唇裂腹鱼、灰裂腹鱼、云南裂腹鱼、光唇裂腹鱼、怒江裂腹鱼、南方裂腹鱼、异齿裂腹鱼、花斑裸鲤、黄河裸裂尻鱼、软刺裸裂尻鱼、嘉陵裸裂尻鱼、拉萨裸裂尻鱼、双须叶须鱼、裸腹叶须鱼24种。凡是不在《指导意见》规划目录中的淡水区域性物种均可列入非规划淡水区域种，目前已包括日本鳗鲡等多种（表6-2）。种类可以考虑各地增殖放流的实际情况，根据各地的实际需要进行添加。

表6-2　淡水区域种分类情况表

序号	类别	包括种类	是否列入《指导意见》规划
1	东北区域种	瓦氏雅罗鱼、滩头雅罗鱼、珠星雅罗鱼、怀头鲇、江鳕、大麻哈鱼、乌苏里拟鲿、黑斑狗鱼	是
2	西北区域种	兰州鲇、大鳍鼓鳔鳅2种。长江水系区域种包括泉水鱼、黑尾近红鲌、团头鲂、瓦氏黄颡鱼、白甲鱼、湘华鲮、中华倒刺鲃、厚颌鲂、湖南吻鮈、中华沙鳅、长吻鮠、圆口铜鱼、南方鲇、大鳍鳠、华鲮	是
3	东南区域种	大鳞白鲢、南方白甲鱼、倒刺鲃、鲮、桂华鲮、光倒刺鲃、胡子鲇、海南红鲌、大刺鳅、广东鲂、光唇鱼、半刺厚唇鱼、斑鳠、大眼鳜	是
4	通海江河下游区域种	香鱼	是
5	云南特有鱼类	鱇鱍白鱼、云南倒刺鲃、抚仙四须鲃、叉尾鲇、丝尾鳠、星云白鱼、程海白鱼、春鲤、杞麓鲤、云南光唇鱼、墨脱华鲮、云南华鲮、暗色唇鲮、中国结鱼、软鳍新光唇鱼、异口新光唇鱼、腾冲墨头鱼、中臀拟鲿、保山新光唇鱼	是
6	新疆特有鱼类	丁鱥、河鲈、梭鲈、白斑狗鱼、贝加尔雅罗鱼、高体雅罗鱼、准噶尔雅罗鱼、东方欧鳊、叶尔羌高原鳅、伊犁裂腹鱼	是

（续）

序号	类别	包括种类	是否列入《指导意见》规划
7	高原特有鱼类	齐口裂腹鱼、重口裂腹鱼、中华裂腹鱼、四川裂腹鱼、昆明裂腹鱼、短须裂腹鱼、长丝裂腹鱼、小裂腹鱼、小口裂腹鱼、宁蒗裂腹鱼、厚唇裂腹鱼、灰裂腹鱼、云南裂腹鱼、光唇裂腹鱼、怒江裂腹鱼、南方裂腹鱼、异齿裂腹鱼、花斑裸鲤、黄河裸裂尻鱼、软刺裸裂尻鱼、嘉陵裸裂尻鱼、拉萨裸裂尻鱼、双须叶须鱼、裸腹叶须鱼	是
8	非规划淡水区域种	日本鳗鲡、黑龙江野鲤、彭泽鲫、元江鲤、黄河鲤、淇池鲫、斑鳢、月鳢、虹彩光唇鱼、元江鲤、滇池高背鲫、亚东鲑、西吉彩鲫、裸腹鲟、螺旋藻、鸭绿江野鲤、方正银鲫、瓯江彩鲤、三角帆蚌、滁州鲫、荷包红鲤、玻璃红鲤、萍乡红鲫、额河银鲫、中华花龟等，以及其他需要添加的种类	否

（三）海水物种

海水物种划分为：虾类、蟹类、头足类、水母类、鲆鲽类、石首鱼类、鲻鲅类、鲉鲉类、鲷科鱼类、鲀科鱼类、石斑鱼类、鲳鲹类、其他鱼类和非规划海水物种14类。其中虾类、蟹类、头足类、水母类、鲆鲽类、石首鱼类、鲻鲅类、鲉鲉类、鲷科鱼类、鲀科鱼类、石斑鱼类、鲳鲹类、其他鱼类均为《指导意见》规划的海水物种，非规划海水物种为未列入《指导意见》规划的海水物种。虾类包括中国对虾、日本对虾、脊尾白虾、长毛对虾、刀额新对虾、斑节对虾、墨吉对虾7种。蟹类包括三疣梭子蟹、锯缘青蟹2种。头足类包括金乌贼、曼氏无针乌贼、长蛸3种。水母类包括海蜇1种。鲆鲽类包括褐牙鲆、圆斑星鲽、钝吻黄盖鲽、半滑舌鳎4种。石首鱼类包括黄姑鱼、日本黄姑鱼、𫚕、大黄鱼4种。鲻鲅类包括鲻、鲅2种。鲉鲉类包括许氏平鲉、日本鬼鲉、褐菖鲉3种。鲷科鱼类包括真鲷、黑鲷、黄鳍鲷、花尾胡椒鲷、斜带髭鲷、条石鲷、紫红笛鲷、红笛鲷、平鲷9种。鲀科鱼类包括红鳍东方鲀、菊黄东方鲀、暗纹东方鲀、双斑东方鲀4种。石斑鱼类包括点带石斑鱼、赤点石斑鱼、青石斑鱼、斜带石斑鱼、鞍带石斑鱼5种。鲳鲹类包括卵形鲳鲹、银鲳2种。其他鱼类包括大泷六线鱼、蓝点马鲛、四指马鲅、花鲈、军曹鱼、断斑石鲈6种。凡是不在《指导意见》规划目录中的海水物种均可列入非规划海水物种，目前已包括小黄鱼、西施舌、双线紫蛤等多种（表6-3）。种类可以考虑各地增殖放流的实际情况，根据各地的实际需要进行添加。

表6-3 海水物种分类情况表

序号	类别	包括种类	是否列入《指导意见》规划
1	虾类	中国对虾、日本对虾、脊尾白虾、长毛对虾、刀额新对虾、斑节对虾、墨吉对虾	是
2	蟹类	三疣梭子蟹、锯缘青蟹	是
3	头足类	金乌贼、曼氏无针乌贼、长蛸	是
4	水母类	海蜇	是
5	鲆鲽类	褐牙鲆、圆斑星鲽、钝吻黄盖鲽、半滑舌鳎	是
6	石首鱼类	黄姑鱼、日本黄姑鱼、鮸、大黄鱼	是
7	鲻鲛类	鲻、鮻	是
8	鲉鲉类	许氏平鲉、日本鬼鲉、褐菖鲉	是
9	鲷科鱼类	真鲷、黑鲷、黄鳍鲷、花尾胡椒鲷、斜带髭鲷、条石鲷、紫红笛鲷、红笛鲷、平鲷	是
10	鲀科鱼类	红鳍东方鲀、菊黄东方鲀、暗纹东方鲀、双斑东方鲀	是
11	石斑鱼类	点带石斑鱼、赤点石斑鱼、青石斑鱼、斜带石斑鱼、鞍带石斑鱼	是
12	鲳鲹类	卵形鲳鲹、银鲳	是
13	其他鱼类	大泷六线鱼、蓝点马鲛、四指马鲅、花鲈、军曹鱼、断斑石鲈	是
14	非规划海水物种	小黄鱼、西施舌、双线紫蛤、缢蛏、泥蚶、毛蚶、扇贝、刺参、菲律宾蛤仔、沙蚕、条斑星鲽、条斑紫菜、青蛤、厚壳贻贝、坛紫菜、皱纹盘鲍、海带、魁蚶栉孔、扇贝、栉孔扇贝、石鲽、龙须菜、星斑川鲽、大竹蛏、杂色鲍、东风螺、黄海胆、裙带菜、斑石鲷、解放眉足蟹、短蛸、紫彩血蛤、等边浅蛤、泥螺、管角螺等，以及其他需要添加的种类	否

（四）珍稀濒危物种

珍稀濒危物种划分为：鲟科鱼类、鲤科鱼类、裂腹鱼类、鲇鳅鱼类、鲑鳟鱼类、其他鱼类、贝类、两栖爬行类、其他类和非规划珍稀濒危物种10类。其中鲟科鱼类、鲤科鱼类、裂腹鱼类、鲇鳅鱼类、鲑鳟鱼类、其他鱼类、贝类、两栖爬行类、其他类均为《指导意见》规划的海水物种，非规划珍稀濒危物种为未列入《指导意见》规划的珍稀濒危物种。鲟科鱼类包括中华鲟、达氏鲟、施氏鲟、达氏鳇4种。鲤科鱼类包括大头鲤、乌原鲤、岩原鲤、胭脂鱼、唐鱼、多鳞白甲鱼、滇池金线鲃、阳宗金线鲃、抚仙金线鲃、大鼻吻鮈、长鳍吻鮈、金沙鲈鲤、后背鲈鲤、花鲈鲤14种。裂腹鱼类包括斑重唇鱼、新疆裸重唇鱼、厚唇裸重唇鱼、极边扁咽齿鱼、骨唇黄河鱼、扁吻鱼、祁连山裸鲤、青海湖裸鲤、尖裸鲤、细鳞裂腹鱼、澜沧裂腹鱼、塔里木裂腹鱼、拉萨裂腹鱼、巨须裂腹鱼14种。鲇鳅鱼类包括长薄鳅、拟鲶高原鳅、黑斑原鮡、巨魾、斑鳠5种。鲑鳟鱼类包括细鳞鲑、秦岭细鳞鲑、川陕哲罗鲑、太门哲罗鲑、马苏大麻哈鱼、花羔红点鲑、鸭绿江茴鱼、北极茴鱼、黑龙江茴鱼9种。其他鱼类包括松江鲈鱼、褐毛鲿、克氏海马、刀鲚4种。贝类包括背瘤丽蚌、大珠母贝、库氏砗磲3种。两栖爬行类包括棘胸蛙、大鲵、黑颈乌龟、鼋、黄缘闭壳龟、黄喉拟水龟、绿海龟、山瑞鳖8种。其他类包括中国鲎、南方鲎、文昌鱼3种。凡是不在《指导意见》规划目录中的珍稀濒危物种均可列入非规划珍稀濒危物种，目前已包括长臀鮠、卷口鱼等多种（表6-4）。种类可以考虑各地增殖放流的实际情况，根据各地的实际需要进行添加。

表6-4　珍稀濒危物种分类情况

序号	类别	包括种类	是否列入《指导意见》规划
1	鲟科鱼类	中华鲟、达氏鲟、施氏鲟、达氏鳇	是
2	鲤科鱼类	大头鲤、乌原鲤、岩原鲤、胭脂鱼、唐鱼、多鳞白甲鱼、滇池金线鲃、阳宗金线鲃、抚仙金线鲃、大鼻吻鮈、长鳍吻鮈、金沙鲈鲤、后背鲈鲤、花鲈鲤	是
3	裂腹鱼类	斑重唇鱼、新疆裸重唇鱼、厚唇裸重唇鱼、极边扁咽齿鱼、骨唇黄河鱼、扁吻鱼、祁连山裸鲤、青海湖裸鲤、尖裸鲤、细鳞裂腹鱼、澜沧裂腹鱼、塔里木裂腹鱼、拉萨裂腹鱼、巨须裂腹鱼	是
4	鲶鳅鱼类	长薄鳅、拟鲶高原鳅、黑斑原鮡、巨魾、斑鳠	是
5	鲑鳟鱼类	细鳞鲑、秦岭细鳞鲑、川陕哲罗鲑、太门哲罗鲑、马苏大麻哈鱼、花羔红点鲑、鸭绿江茴鱼、北极茴鱼、黑龙江茴鱼	是
6	其他鱼类	松江鲈鱼、褐毛鲿、克氏海马、刀鲚	是
7	贝类	背瘤丽蚌、大珠母贝、库氏砗磲	是
8	两栖爬行类	棘胸蛙、大鲵、黑颈乌龟、鼋、黄缘闭壳龟、黄喉拟水龟、绿海龟、山瑞鳖	是
9	其他类	包括中国鲎、南方鲎、文昌鱼3种	是
10	非规划珍稀濒危物种	长臀鮠、卷口鱼、金线龟、大珠母贝、广西拟水龟、三线闭壳龟等，以及其他需要添加的种类	否

（五）非增殖放流物种

非增殖放流物种是指不适宜进行增殖放流的物种。农业部《水生生物增殖放流管理规定》明确规定：禁止使用外来种、杂交种、转基因种以及其他不符合生态要求的水生生物物种进行增殖放流。按照以上规定要求，增殖放流的物种应当是原生种，改良种（包括选育种、杂交种和其他技术手段获得的品种）、外来种及其他不符合生态要求的物种均不适宜进行增殖放流。目前数据库中非增殖放流物种已包括外来种鱼类、外来种虾蟹类、外来种贝藻类、外来种其他类、选育种、杂交种6类（表6-5）。种类可以根据各地的原良种场实际苗种生产情况进行添加。数据库中的该类数据主要用于全国水产原良种体系数据库信息采集分析工作。

表6-5 非增殖放流物种分类情况

序号	类别	包括种类	是否列入《指导意见》规划
1	外来种鱼类	虹鳟、罗非鱼、斑点叉尾鮰、大菱鲆、匙吻鲟、大口黑鲈、高白鲑、镜鲤、西伯利亚鲟、淡水石斑鱼、犬齿牙鲆、云斑尖塘鳢、漠斑牙鲆等	否
2	外来种虾蟹类	南美白对虾、罗氏沼虾、克氏原螯虾等	否
3	外来种贝藻类	虾夷扇贝、池蝶蚌、太平洋牡蛎、虾夷马粪海胆等	否
4	外来种其他类	鳄龟等	否
5	选育种	建鲤、福瑞鲤、异育银鲫、白乌鳢、锦鲤、金鱼、乌克兰鳞鲤、黄金鲫、高背鲫、松荷鲤、团头鲂"浦江1号"、中华鳖日本品系、新吉富罗非鱼、黄颡鱼"全雄1号"、金鳟、全雄鱼非鱼等	否
6	杂交种	杂交鲟、湘云鲫、德黄鲤、松浦镜鲤、杂交青虾"太湖1号"、鲍鱼"连杂1号"、奥尼罗非鱼等	否

四、数据指标

数据库以每个物种为单位进行数据采集。每个物种的特征指标包括品种编码、中文学名、拉丁文名、别名或俗名、食性、分布区域和功能定位。其中品种编码是物种用于信息统计分析使用的数字代码，功能定位是指物种开展增殖放流的功能作用和主要目的。

五、基本操作

包括【水生生物资源数据库管理】和【添加】两项功能。点击【水生生物资源数据库管理】可以查看、修改和删除各种水生生物资源的基础数据（图6-1）。打开所属大类下拉框，选择相应类别，可以显示相应的检索内容。

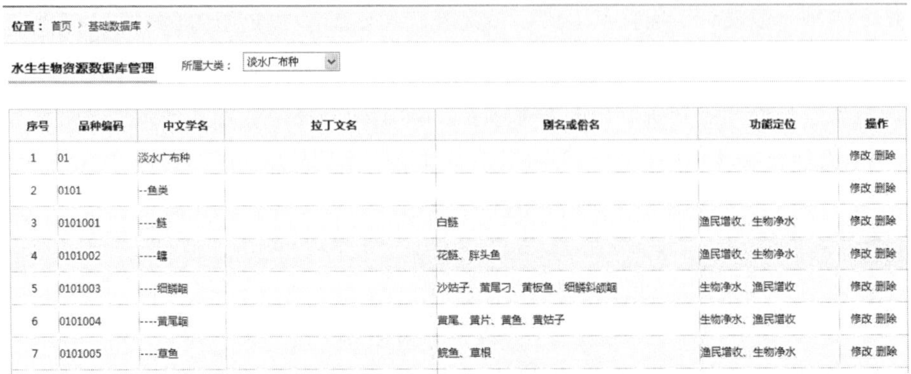

序号	品种编码	中文学名	拉丁文名	别名或俗名	功能定位	操作
1	01	淡水广布种				修改 删除
2	0101	--鱼类				修改 删除
3	0101001	----鲢		白鲢	渔民增收、生物净水	修改 删除
4	0101002	----鳙		花鲢、胖头鱼	渔民增收、生物净水	修改 删除
5	0101003	----细鳞鲴		沙姑子、黄尾刁、黄板鱼、细鳞斜颌鲴	生物净水、渔民增收	修改 删除
6	0101004	----黄尾鲴		黄尾、黄片、黄鱼、黄姑子	生物净水、渔民增收	修改 删除
7	0101005	----草鱼		鲩鱼、草根	渔民增收、生物净水	修改 删除

图6-1　水生生物资源数据库管理界面

点击【添加】按钮，可以添加新的水生生物资源基础数据（图6-2）。

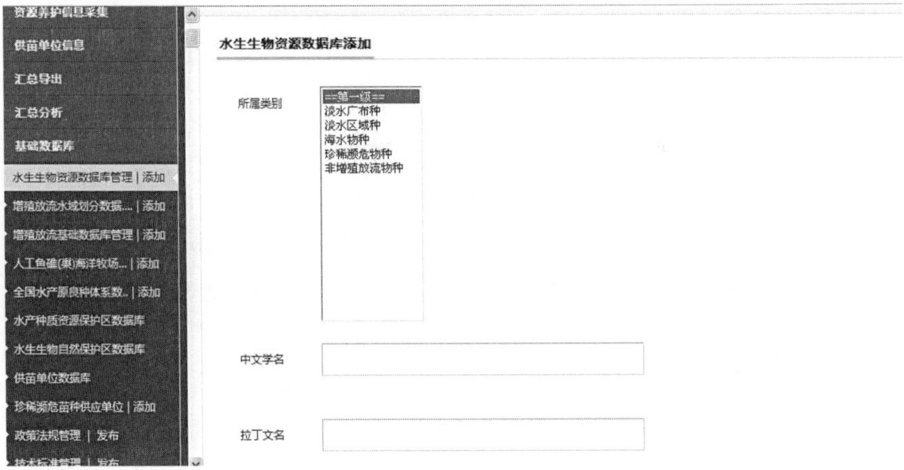

图6-2　水生生物资源数据库添加界面

第二节　增殖放流水域划分数据库

一、设计依据

该数据库中数据均为我国增殖放流水域划分的特征数据。该数据库按照国家测绘局《中国地图集》中的中国水系图，将全国内陆水域划分为35个流域。

并根据各水域水生生物分布，将面积较大的流域参照2002年水利部水文局制定的《水文测站编码》确定的水系划分边界，再划分为82个水系。按照此划分方法，全国内陆水域共划分为102个单元。全国沿岸和近海海域参考《中国海湾志》（海洋出版社出版，第一分册至第十四分册），结合沿海行政区划情况，将全国沿岸和近海海域划分为16个海区。为发挥水域划分的指导作用，将全国所有规划和非规划放流水域按照其地理分布全部纳入其对应的所属流域水系和海区。

二、设计背景

根据《水生生物增殖放流管理规定》，用于增殖放流的亲体、苗种等水生生物物种应当是本地种，禁止使用外来种、杂交种、转基因种以及其他不符合生态要求的水生生物物种进行增殖放流。根据近年来科学研究表明，我国内陆和沿海水域的鱼类、两栖类及爬行类都存在地理种群，即地理上存在明显的遗传分化，形成不同的地理亚种。因此用于增殖放流物种的亲本应来源于放流水域原产地，即"哪里来哪里放"原则，不应跨水系跨流域放流物种。但是，近年来随着全国水生生物增殖放流事业快速发展，放流规模和参与程度不断扩大，增殖放流规范管理的问题越来越突出，特别是放流苗种方面。由于缺乏科学指导和规范管理，各地增殖放流的苗种很多并不是本地种，跨水系跨流域放流物种的情况普遍存在，导致增殖放流针对性不够强、整体效果不明显，部分地方甚至产生潜在的生物多样性和水域生态安全问题。

为合理确定不同水域增殖放流适宜物种，确保水域生态安全，亟需按水生生物资源分布和地理区划将全国增殖放流内陆水域按流域和水系进行科学划分，以提高全国水生生物增殖放流的规范性和科学性。但目前全国水生生物增殖放流内陆水域划分是以省级行政单元为基础，将全国内陆水域划分为东北区、华北区、长江中下游区、东南区、西南区和西北区6个区。此种简单的划分方式，不能对增殖放流物种种质来源进行明确规范，已不能满足增殖放流科学规范有序发展的要求。

三、设计目的

为加强"十三五"增殖放流科学性和规范性，充分发挥增殖放流规划的指导作用，将全国水域细分为不同的流域水系及海区，有利于科学规划全国水生生物增殖放流水域，同时各个水域按其地理分布可以明确对应其所属具体流域或水系，进而可以科学规划增殖放流物种。目前《指导意见》已按照该方法，科学规划了419片全国水生生物增殖放流重要水域。该数据库数据可用于增殖放流基础数据、增殖放流供苗单位、新建自然保护区和水产种质资源保护区情况调查以及濒危物种专项救护等信息统计分析。设计目的主要是通过建立增殖放流水域划分数据库实现水域统计指标标准化、规范化、科学化。

四、具体划分方法

为规范放流水域，将全国内陆水域划分为35个流域82个水系，沿岸和近海海域划分为16个海区，共118个水域划分单元。

（一）内陆水域

1. **黑龙江流域（1-1）** 包括黑龙江省、吉林省大部和内蒙古东北部。主要河流有黑龙江及其支流松花江、乌苏里江等。可划分为如下水系：一是乌苏里江水系（1-1-1-1）；二是嫩江水系（1-1-2-2）；三是松花江上游水系（1-1-3-3）：吉林三岔河以上为上游；四是松花江下游水系（1-1-4-4）：吉林三岔河以下为下游；五是牡丹江水系（1-1-5-5）；六是黑龙江干流（1-1-6-6）；七是额尔古纳河水系（1-1-7-7）：包括额尔古纳河干流以及上游支流海拉尔河、根河等。

2. **绥芬河流域（1-2-1-8）** 主要分布在黑龙江省东南部绥芬河市境内。

3. **图们江流域（1-3-1-9）** 主要分布在吉林省东部，北邻绥芬河流域，南邻鸭绿江流域。

4. **鸭绿江流域（1-4-1-10）** 主要分布在吉林省东南部和辽宁省东北部，北邻图们江流域，南邻辽东半岛诸河流域。

5. **辽河流域（1-5）** 包括辽宁省北部和内蒙古通辽市。可划分为如下水系：一是浑太河水系（1-5-1-11）：包括浑河、太子河等；二是辽河干流（1-5-2-12）；三是西辽河水系（1-5-3-13）：包括老哈河、西拉木伦河、教来河等；四是东辽河水系（1-5-4-14）。

6. **辽西和河北沿海诸河流域（1-6）** 主要分布在辽宁西部和河北东北部部分地区。主要河流有大凌河、小凌河等。可划分为如下水系：一是大小凌河水系（1-6-1-15）；二是冀东沿海诸河水系（1-6-2-16）。

7. **辽东半岛诸河流域（1-7-1-17）** 主要分布在辽宁省东南部辽东半岛，北邻鸭绿江流域，包括碧流河、大洋河、英那河等。

8. 滦河流域（1-8-1-18） 主要分布在河北省东北部。

9. 海河流域（1-9） 包括北京、天津、河北大部，山东、山西、河南部分地区。可划分为如下水系：一是北三河水系（1-9-1-19）：包括潮白河、北运河、蓟运河（州河、沟河）等；二是永定河水系（1-9-2-20）：包括洋河、桑干河、永定河等；三是大清河水系（1-9-3-21）：包括小清河、拒马河、府河、唐河、独流减河，白洋淀等；四是子牙河水系（1-9-4-22）：包括滏阳河、滹沱河、子牙河等；五是南运河水系（1-9-5-23）：包括漳河、卫河（淇河、安阳河、汤河）、卫运河、南运河、漳卫新河等；六是徒骇马颊河水系（1-9-6-24）：包括颊河、徒骇河、德惠新河等。

10. 黄河流域（1-10） 包括宁夏、陕西、山西、大部和青海东南部、四川西北部、甘肃东部、内蒙古中部、河南北部、山东西北部等地区。主要河流有黄河及其支流湟水、洮河、渭河、泾河、洛河、汾河等。可划分为如下水系：一是黄河上游水系（1-10-1-25）：包括黄河干流青海、四川、甘肃段，黄河上游支流白河、黑河、洮河、湟水，扎陵湖、鄂陵湖等；二是宁蒙河套水系（1-10-2-26）：包括黄河干流宁夏、内蒙古段，支流大黑河、乌梁素海等；三是黄河中游水系（1-10-3-27）：包括黄河干流山西、陕西和河南三门峡以上段，黄河中游支流无定河、窟野河、伊洛河等；四是汾黄水系（1-10-4-28）：包括山西的汾河、沁河等；五是泾渭水系（1-10-5-29）：包括陕西的泾河、渭河、北洛河等；六是黄河下游水系（1-10-6-30）：包括黄河干流山东段和河南三门峡以下段，下游支流大汶河、下游的东平湖等。

11. 山东半岛诸河流域（1-11-1-31） 主要分布在山东东部山东半岛。

12. 淮河流域（1-12） 包括河南、江苏大部、安徽北部、湖北东北部、山东南部。可划分为如下水系：一是淮河上游水系（1-12-1-32）：包括淮河干流河南洪河口以上段，支流浉河、白露河、洪河、汝河等；二是沙颖河水系（1-12-2-33）：包括沙河、颖河等；三是淮河中游水系（1-12-3-34）：包括淮河干流河南洪河口以下至洪泽湖段，支流淠河、史灌河、池河、涡河、西淝河、从浚河等；四是洪泽湖水系（1-12-4-35）：包括洪泽湖及直接注入洪泽湖的淮河支流（新汴河、奎濉河、池河）；五是淮河下游水系（1-12-5-36）：洪泽湖以下的淮河水系，包括高邮湖、白马湖、邵伯湖、苏北灌溉总渠、里运河等；六是沂沭泗河水系（1-12-6-37）：包括沂河、沭河、泗河、中运河，南四湖、骆马湖等。

13. 长江流域（1-13） 包括四川、重庆、湖南、湖北、江西、上海大部、云南北部、贵州北部、安徽南部、江苏南部、浙江北部、青海东南部、西藏南部、甘肃南部、陕西南部等地区。主要河流有长江及其支流雅砻江、大渡河、岷江、沱江、涪江、嘉陵江、汉江、沅、赣江、湘江等。可划分为如下水系：一是金沙江水系（1-13-1-38）：包括通天河、金沙江、雅砻江等；二是岷沱江水系（1-13-2-39）：包括大渡河、青衣江、岷江、沱江等；三是嘉陵江水系（1-13-3-40）：包括八渡河、西汉水、白龙江、渠江、涪江等；四是长江上游水系（1-13-4-41）：包括长江上游干流（宜宾至宜昌），上游支流赤水河等；五是乌江水系（1-13-5-42）；六是汉江水系（1-13-6-43）：包括汉江、丹江、唐白河、东荆河，刁汊湖等；七是洞庭湖水系（1-13-7-44）：包括湘、资、沅、澧四水及洞庭湖等；八是长江中游水系（1-13-8-45）：包括长江中游干流（宜昌至湖口），中游支流清江、沮漳河、鄂东北、鄂东南水系等；九是鄱阳湖水系（1-13-9-46）：包括赣、抚、信、饶、修五大河及鄱阳湖等；十是长江下游水系（1-13-10-47）：包括长江下游干流（湖口至出海口），下游支流华阳河、皖河、白兔河，巢湖、青弋江、水阳江等；十一是太湖水系（1-13-11-48）：包括太湖、漏湖、阳澄湖、长荡湖、淀山湖及南溪、合溪、苕溪、黄浦江等。

14. **东南沿海诸河流域（1-14）** 包括浙江、福建大部、广东东部和西部、安徽东南部等地区。可划分为如下水系：一是钱塘江水系（1-14-1-49）；二是浙东沿海水系（1-14-2-50）：包括甬江、姚江等；三是浙南沿海水系（1-14-3-51）：包括椒江、瓯江、飞云江、鳌江等；四是闽江水系（1-14-4-52）；五是闽东沿海水系（1-14-5-53）：包括交溪、鳌江、岱江、霍童溪等；六是闽南沿海水系（1-14-5-54）：包括晋江、九龙江、诏安东溪、木兰溪等；七是韩江水系（粤东沿海水系，1-14-6-55）：包括汀江、梅江、韩江、黄岗河、榕江、练江、龙江、螺河等；八是粤西沿海水系（广东南流水系，1-14-7-56）：包括漠阳江、鉴江、潭江等。

15. **珠江流域（1-15）** 包括广东、广西大部、贵州南部、云南东部等地区。主要河流有南盘江、北盘江、东江、西江、北江等。可划分为如下水系：一是南北盘江水系（1-15-1-57）：包括南盘江、北盘江等；二是西江上游水系（1-15-2-58）：包括西江上游干流红水河、黔江，上游支流柳江、龙江、洛清江等；三是郁江水系（1-15-3-59）：包括左右江、邕江、郁江等；四是西江下游水系（1-15-4-60）：包括西江下游干流浔江、西江（郁江口至广东三水思贤滘），下游支流桂江、漓江、贺江等；五是东江水系（1-15-5-61）：包括东江干流，支流新丰江、西枝江等；六是北江水系（1-15-6-62）：包括北江干流，支流武水、连江、绥江等；七是珠江三角洲水系（1-15-7-63）：西江三水思贤滘以下与北江、东江汇合后形成三角洲区域。

16. 琼雷及桂东南沿海诸河流域（1-16） 包括广东南部、广西南部、海南岛。可划分为如下水系：一是桂南沿海诸河水系（广西南流水系，1-16-1-64）：注入北部湾，流域总面积约占广西总面积的10.2%。其中以南流江为最大，其次为钦江和茅岭江；二是海南岛诸河水系（1-16-2-65）：包括南渡江、昌化江、万泉河等；三是琼雷沿海诸河水系（1-16-3-66）：包括九洲江、南渡河、遂溪河等。

17. 元江-红河流域（1-17-1-67） 主要分布在云南中南部、广西百都河流域。

18. 澜沧江-湄公河流域（1-18-1-68） 主要分布在青海东南部、西藏东部、云南中部南北向狭长区域内。

19. 怒江-萨尔温江流域（1-19-1-69） 分布在西藏东部、云南西部的狭长区域内，东邻澜沧江-湄公河流域。

20. 独龙江-伊洛瓦底江流域（1-20-1-70） 分布在云南西部，东邻怒江-萨尔温江流域。

21. 雅鲁藏布江-恒河流域（1-21-1-71） 分布在西藏南部，主要包括雅鲁藏布江及其支流当却藏布、拉萨河等。

22. 森格藏布-印度河流域（1-22-1-72） 分布在西藏西北部，包括森格藏布（狮泉河）及其支流噶尔藏布，朗钦藏布（象泉河）等。

23. 额尔齐斯河流域（1-23） 分布在新疆北部。可划分为如下水系：一是额河上游水系（1-23-1-73）：包括喀依尔特河、库依尔特河等；二是额河中游水系（1-23-1-74）：包括额河干流塞米巴拉金斯克以下至鄂木斯克河段，支流克兰河、喀拉额尔齐斯河等；三是额河下游水系（1-23-3-75）：包括额河干流鄂木斯克至河口段，支流布尔津河、哈巴河等。

24. 乌裕尔河内流区（1-24-1-76） 位于黑龙江省西南部，这是处于外流区中的内流区（四周被外流区的黑龙江流域包围）。在大庆市和齐齐哈尔市之间，主要河流有乌裕尔河，境内扎龙自然保护区。

25. 白城内流区（1-25-1-77） 位于内蒙古兴安盟、吉林省白城市交接处，也是处于外流区中的内流区（四周被黑龙江流域包围）。

26．内蒙古内流区（1-26-1-78） 位于内蒙古中东部，面积广大，东部邻黑龙江流域、辽河流域和滦河流域，南邻黄河流域、海河流域，西接河西走廊-阿拉善内流区。

27．鄂尔多斯内流区（1-27-1-79） 历史上属黄河水系，位于鄂尔多斯高原，也是处于内流区中的外流区（四周被黄河流域包围）。

28．河西走廊-阿拉善内流区（1-28） 位于甘肃西北部、内蒙古西部，西邻塔里木内流区，南邻柴达木内流区，东部和南部邻内蒙古内流区和黄河流域。可划分为如下水系：一是石羊河水系（1-28-1-80）；二是黑河水系（1-28-2-81）：包括黑河、弱水等；三是疏勒河水系（1-28-3-82）；四是党河-哈拉湖水系（1-28-4-83）。

29．柴达木内流区（1-29） 位于柴达木盆地周围，主要河流有柴达木河等。可划分为如下水系：一是布哈河-青海湖水系（1-29-1-84）：青海湖水系位于青海省东北部。该水系由布哈河、倒淌河、黑马河等19条河流组成；二是柴达木盆地水系（1-29-2-85）：该水系由格尔木河、柴达木河、香日德河、巴音河等40余条河流组成。包括尕斯库勒湖区，哈尔腾河苏干湖区，鱼卡河大小柴旦区，巴音河德令哈区，都兰河希赛区，那棱格勒河乌图美仁区，格尔木区，柴达木河都兰区等8个区域。三是茶卡-沙珠玉河水系（1-29-3-86）：历史上属黄河水系，茶卡、沙珠玉水在青海湖水系以南、青海南山是两水系的分水岭。该水系由19条河流组成。

30．准噶尔内流区（1-30） 位于新疆北部，北邻额尔齐斯河流域，南邻伊犁河内流区和塔里木内流区。主要河流有乌伦古河等。可划分为如下水系：一是天山北麓水系（1-30-1-87）：包括新疆天山以北的乌鲁木齐河、呼图壁河、玛纳斯河等；二是乌伦古河水系（1-30-2-88）；三是艾比湖水系（1-30-3-89）：包括博尔塔拉河、精河、奎屯河及艾比湖；四是额敏河水系（1-30-4-90）；五是白杨河水系（1-30-5-91）。

31．伊犁河内流区（1-31-1-92） 位于新疆伊犁河谷，邻准噶尔内流区和塔里木内流区。主要河流有伊犁河及其支流特克斯河、喀什河、巩乃斯河等。

32．塔里木河内流区（1-32） 位于新疆南部，面积广大，以塔里木河为中心。可划分为如下水系：一是开都河-孔雀河水系（1-32-1-93）：包括开都河、孔雀河及博斯腾湖；二是渭干河水系（1-32-2-94）：由木扎尔特河、克孜尔河等六条支流汇合而成，在木扎尔特河与克孜尔河汇合处建有克孜尔水库。现在已无水注入塔里木河；三是叶尔羌河水系（1-32-3-95）：包括喀什噶尔河、叶尔羌河等；四是和田河水系（1-32-4-96）：包括喀拉喀什河、玉龙喀什河、和田河；五是车尔臣河（且末河）水系（1-32-5-97）；六是阿克苏河水系（1-32-6-98）：塔里木河水量最大的源流，长224千米。上游有两大支流：北支库玛拉克河、西支托什干河。两河在温宿附近汇合称阿克苏河；七是塔里木河干流水系（1-32-7-99）。

33. **羌塘高原内流区（1-33-1-100）** 位于西藏西北部地区，包括纳木错（1 920千米^2，产纳木错裸鲤）、色林错（1 640千米^2）、扎日南木错（1 023千米^2）以及可可西里湖泊群等高原湖泊。

34. **藏南内流区（1-34-1-101）** 位于西藏雅鲁藏布江南部，由多块互不相邻的内流区组成，都属外流区中的内流区，四周被雅鲁藏布江-布拉马普特拉河流域包围。包括羊昭雍湖（产高原裸鲤）等。

35. **长江上游内流区（1-35-1-102）** 位于青海西南部长江上游，由两块互不相邻的内流区组成，四周被长江流域包围。

（二）沿岸和近海海域

1. **辽东半岛东部海区（2-2-1-103）** 属黄海海域，范围东起丹东鸭绿江口，西至辽东半岛南端老铁山角所临海区，包括青堆子湾、常江澳、小窑湾、大窑湾、大连湾等海湾，长山群岛海域，以及鸭绿江口等海域。

2. **辽东半岛西部和辽宁省西部海区（2-1-1-104）** 属渤海海域，范围西起辽宁省西部绥中县，东至辽东半岛南端老铁山角所临海区，包括大的海湾辽东湾（西起辽宁省西部六股河口，东到辽东半岛西侧长兴岛。广义的辽东湾则指河北省大清河口到辽东半岛南端老铁山角以北的海域。这里指狭义范围），小的海湾营城子湾、金州湾、普兰店湾、董家口湾、葫芦山湾、复州湾、太平湾、锦州湾等，辽河口、大凌河口等海域。

3. **渤海西部海区（2-1-2-105）** 属渤海海域，范围北起河北省山海关，南至山东东营老黄河口所临海区，包括大的海湾渤海湾（北起河北省乐亭县大清河口，南至山东东营老黄河口）、秦皇岛近海，以及滦河口、海河口等海域。

4. **黄河口及莱州湾海区（2-1-3-106）** 属渤海海域，范围西起山东东营老黄河口（东营市河口区神仙沟河口），东至烟台蓬莱头灯塔所临海区，包括大的海湾莱州湾（湾口东起龙口的屺姆岛高角，西至垦利县小岛黄河口，海岸线长319.06千米，面积6 966.93千米^2。有小清河、潍河等注入），小的海湾龙口湾

（属莱州湾的一部分），以及黄河口毗邻海域（自东营市河口区神仙沟河口至垦利县小岛河口，海岸线长95千米，浅海面积1 760千米²）。

5. 山东半岛北部海区（2-2-2-107） 属黄海海域，范围西起烟台蓬莱头灯塔，东至山东半岛东端荣成成山角所临海区，包括套子湾、芝罘湾、双岛湾、威海湾、朝阳港等，以及庙岛群岛等海域。

6. 山东半岛南部海区（2-2-3-108） 属黄海海域，范围北起山东半岛东端荣成成山角，南至日照岚山区所临海区，包括半岛东部诸海湾（马山港（月湖）、养鱼池湾、临洛湾、俚岛湾、爱连湾（爱伦湾）、桑沟湾和石岛湾），以及半岛南部靖海湾、白沙口泻湖、险岛海、乳山海、丁字湾、横门湾、北湾、小岛湾、沙子口湾、胶州湾、唐岛湾、崔家潞、琅琊湾等海湾。海区内有石岛渔场。

7. 江苏海区（2-2-4-109） 属黄海海域，范围北起赣榆县海州湾，南至启东市长江口以北所临海区，包括海州湾、射阳河口、灌河口，以及大沙渔场、吕四渔场等海域。

8. 上海海区（2-3-1-110） 属东海海域，范围北起长江口北侧启东嘴，南至上海市金山区所临海区，包括长江口海域，杭州湾部分等海域。

9. 浙江北部海区（2-3-2-111） 属东海海域，范围北起杭州湾，南至台州临海以北所临海区，包括杭州湾、宁波—舟山深水港、象山港、三门湾、象山县东部诸海湾和浦垻港等海湾，钱塘江口海域，以及舟山群岛、韭山列岛、鱼山列岛等海域。海区内有舟山渔场。

10. 浙江南部海区（2-3-3-112） 属东海海域，范围北起台州临海，南至温州苍南所临海区，包括台州湾、乐清湾、隘顽湾、漩门湾、温州湾、大渔湾、渔寮湾、沿浦湾等海湾，大成列岛、洞头岛、南北麂列岛等海域，以及椒江口、瓯江口等海域。

11. 福建北部海区（2-3-4-113） 属东海海域，范围北起福鼎市沙埕港，南至福清市兴化湾所临海区，包括沙埕港、三沙湾、罗源湾、福清湾、兴化湾等海湾，台山列岛、马祖列岛、平潭岛等海域，以及闽江口等海域。海区内有闽东渔场。

12. 福建南部海区（2-3-5-114） 属东海海域，范围北起莆田市，南至漳州市诏安湾所临海区，包括湄州湾、泉州湾、安海湾、同安湾、厦门港、佛昙湾、旧镇湾、东山湾、诏安湾和宫口湾等海湾，南日群岛、东山岛等海域，以及晋江口、九龙江口等海域。海区内有闽南-台湾浅滩渔场。

13．广东东部海区（2-4-1-115）　属南海海域，范围北起汕头南澳岛，南至珠海万山群岛所临海区，包括德洲岛、汕头港、海门湾（含企望湾）、碣石湾、红海湾、大亚湾和大鹏湾等海湾，南澳岛、万山群岛等海域，以及韩江口、珠江口伶仃洋等海域。海区内有珠江口渔场。

14．广东西部海区（2-4-2-116）　属南海海域，范围东起江门广海湾，西至廉江市安铺港所临海区，包括广海湾、镇海湾、海陵湾、水东港、湛江港、雷州湾、安铺港等海湾，川山群岛、海陵岛、东海岛、硇洲岛等海域。其中安铺港、乌石海域属于北部湾海域。

15．海南海区（2-4-3-117）　属南海海域，范围为海南岛沿岸、近海以及三沙海域，包括海口湾、铺前港湾、清澜湾、小海湾、新村湾、牙龙湾、榆林湾、三亚湾、洋浦湾、后水湾、金牌湾、马袅湾、澄迈湾等海湾，七洲洋海域，西沙海域、中沙海域、南沙海域，以及昌化江口、万泉河口等海域。

16．广西海区（2-4-4-118）　属南海海域，范围东起北海英罗港，西至东兴市北仑河口所临海区，包括铁山港、廉州湾、大风江口、钦州湾、防城港、珍珠港、北仑河口等海湾，涠洲岛等海域。属于北部湾海域，海区内有北部湾北部渔场。

五、数据指标

数据库以每个水域划分单元为单位进行数据采集。每个划分单元的特征指标包括水域划分名称、行政区域范围、包括水域、包括重要规划水域、流域面积、水域地理和水文特征、重要及特有物种。其中行政区域范围包括水域划分单元所涉及的所有省级行政区划。包括水域指的是水域划分单元内所涉及的所有水域，包括规划重要水域和非规划水域。包括重要规划水域指的是水域划分单元内所涉及的重要规划水域。流域面积指的是水域划分单元范围内总面积，包括陆地和水域。水域地理和水文特征指的是水域划分单元内水域的地理特征和水文特征，包括河流水文特征和河流水系特征。水文特征包括河流径流量，汛期（包括凌汛），含沙量，结冰期，流量的季节变化，水位，流速等。河流水系特征指的是河流水系集水河道的结构而言的，包括源地、注入、流程、流域、支流及分布、河道宽窄以及落差等要素。

六、基本操作

包括【增殖放流水域划分数据库管理】和【添加】两项功能。点击【增殖放流水域划分数据库管理】可以查看、修改和删除各种增殖放流水域划分的基础数据，见图6-3。基础数据库相关内容可以按照行政区划、水域划分名称、包括水域、重要规划水域、重要和特有物种，流域面积等关键字进行检索。

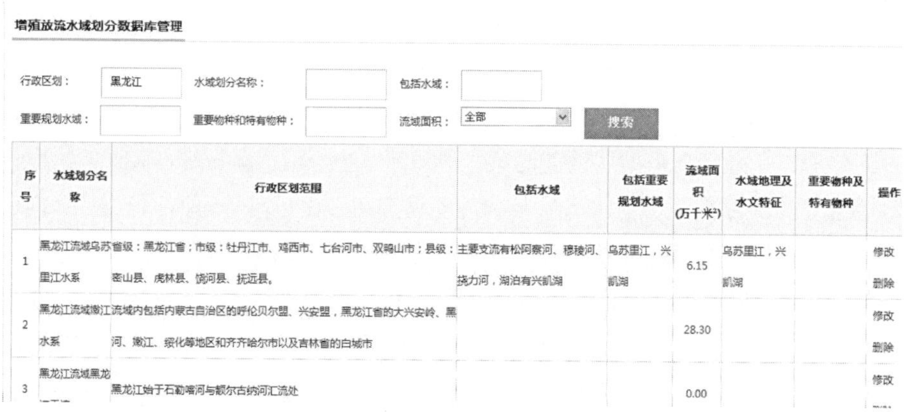

图6-3 增殖放流水域划分数据库管理界面

点击【添加】按钮，可以添加新的增殖放流水域划分的基础数据，见图6-4。

图6-4 增殖放流水域划分数据库添加界面

第三节　增殖放流基础数据库

一、设计依据

该数据库中数据均为增殖放流地点的特征数据。从地点类型来看，增殖放流地点包括重要江河、重要湖泊、重要水库、重要海域、其他海域以及内陆其他水域。其中地点类型为重要江河、重要湖泊、重要水库、重要海域的增殖放流水域均为规划放流水域，数据资料主要源于《农业部关于做好"十三五"水生生物增殖放流工作的指导意见》（以下简称《指导意见》）附表《增殖放流水域适宜性评价表》。地点类型为其他海域以及内陆其他水域的增殖放流水域均为非规划放流水域，可根据各省增殖放流实际情况，按照各省的实际要求进行添加。

二、设计目的

该数据库数据主要用于增殖放流基础数据、增殖放流供苗单位等信息统计分析。设计目的主要是通过建立增殖放流基础数据库实现增殖放流地点指标统计标准化、规范化、科学化。

三、数据构成

为方便数据统计分析，增殖放流地点按《指导意见》片区分类方法，将内陆水域划分为东北区、华北区、长江中下游区、东南区、西南区、西北区6个区，近岸海域划分为渤海、黄海、东海和南海4个区。在此基础上，为规范增殖放流工作开展，进一步将全国内陆水域划分为35个流域82个水系，沿岸和近海海域划分为16个海区，共118个水域划分单元。最后，增殖放流地点按照地点类型不同，划分为重要江河、重要湖泊、重要水库、重要海域、其他海域以及内陆其他水域6种类型（图6-5）（彩图11）。

四、数据指标

数据库以每个增殖放流地点为单位进行数据采集。每个增殖放流地点的特征指标包括所属片区、地点类型、所属水域划分、行政范围、面积、主要适宜放流物种。其中所属片区是指内陆水域东北区、华北区、长江中下游区、东南区、西

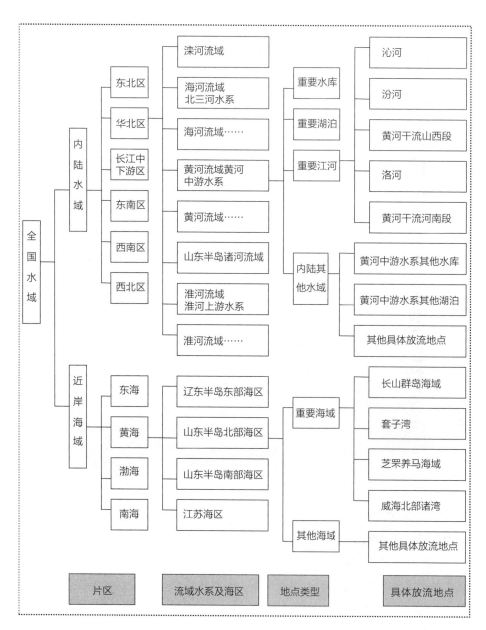

图6-5 全国水生生物增殖放流地点划分结构图

南区、西北区6个区，近岸海域渤海、黄海、东海和南海4个区。地点类型是指规划或非规划的江河、湖泊、水库、海洋等水域，包括重要江河、重要湖泊、重要水库、重要海域、其他海域以及内陆其他水域6种类型。所属水域划分是指增殖放流地点的水域划分单元归属，具体来说就是全国内陆水域的35个流域82个水系，沿岸和近海海域的16个海区，共118个水域划分单元。行政范围是指增殖放流地点涉及的最主要的省级行政区域。面积是指增殖放流地点的水域面积或长度，其中河流的面积按长度核算（面积=长度×1），其他水域均按实际面积核算。主要适宜放流物种是指增殖放流地点适宜放流的水生生物物种。

五、基本操作

包括【增殖放流基础数据库管理】和【添加】两项功能。点击【增殖放流基础数据库管理】可以查看、修改和删除各种增殖放流基础数据（图6-6）。基础数据库相关内容可以按照所属片区、所属水域划分、地点类型、放流地点关键字、放流物种关键字等进行检索。

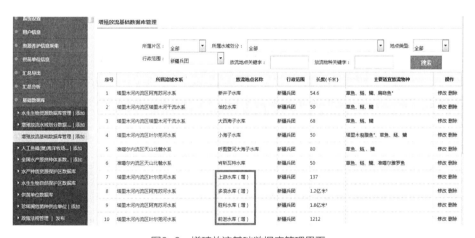

图6-6 增殖放流基础数据管理界面

点击【添加】按钮，可以添加新的增殖放流基础数据，见图6-7。注意：凡地点类型为其他海域或内陆其他水域的放流地点，其放流地点名称一般均加注（增），以表明该地点属于新增加的非规划放流水域（图6-6）。

图6-7　增殖放流基础数据库添加界面

第四节　水产种质资源保护区数据库

一、设计依据

该数据库中数据均为水产种质资源保护区的特征数据。数据来源包括两个方面，一方面2015年及以前的数据主要由农业部管理员根据历史数据通过后台录入增加，另一方面2016年及以后的数据主要依靠采集各地填报的《新建自然保护区、水产种质资源保护区情况调查表》相关数据新增。

二、设计目的

该数据库数据主要用于水产种质资源保护区的相关信息统计分析。设计目的主要是通过建立水产种质资源保护区数据库实现水产种质资源保护区指标统计标准化、规范化、科学化，方便对水产种质资源保护区数据进行分析统计，为水产种质资源保护区管理提供参考。

三、数据结构

数据结构与《新建自然保护区和水产种质资源保护区基础数据采集表》基本相同，仅增加水产种质资源保护区所属行政区划。

四、数据指标

数据库以每个新增或晋升的水产种质资源保护区为单位进行数据采集。目前数据库主要包括国家级和省级水产种质资源保护的相关数据。每个水产种质资源保护区的特征指标包括所在地（省市县三级）、保护区名称、地理坐标、保护区面积、主要保护对象、保护区类型、级别、建立（晋升）时间、批准文件、管理机构等。每个指标定义与《新建自然保护区和水产种质资源保护区情况调查表》中对应的指标一致。所在地（省市县三级）需要填写水产种质资源保护区所属省级、市级、县级行政区划名称。

五、基本操作

包括【水产种质资源保护区数据库】和【新增保护区（可分类）】两项功能。点击【水产种质资源保护区数据库】可以查看、修改和删除各种水产种质资源保护区的基础数据。见图6-8。基础数据库相关内容可以按照所属区域、主要保护对象、保护区类型、保护区级别、信息上报状态、建立和晋升时间、截止时间等关键字进行检索。

图6-8　水产种质资源保护区数据库管理界面

打开资源养护信息采集栏，点击【新增保护区（可分类）】按钮，可以添加新的水产种质资源保护区数据。见图6-9。注意一定要先选择报送年份和所属区划后方可进行填写，以保证信息正确录入。

图6-9　水产种质资源保护区数据库添加界面

第五节　水生生物自然保护区数据库

一、设计依据

该数据库中数据均为水生生物自然保护区的特征数据。数据来源包括两个方面，一方面2015年及以前的数据主要由农业部管理员根据历史数据通过后台录入增加，另一方面2016年及以后的数据主要依靠采集各地填报的《新建自然保护区和水产种质资源保护区情况调查表》相关数据新增。

二、设计目的

该数据库数据主要用于水生生物自然保护区的相关信息统计分析。设计目的主要是通过建立水生生物自然保护区数据库实现水生生物自然保护区指标统计标准化、规范化、科学化，方便对水生生物自然保护区数据进行分析统计，为水生生物自然保护区管理提供参考。

三、数据结构

数据结构与《新建自然保护区和水产种质资源保护区基础数据采集表》基本相同，仅增加水生生物自然保护区所属行政区划。

四、数据指标

数据库以每个新增或晋升的水生生物自然保护区为单位进行数据采集。目前数据库包括国家级、省级、市级水生生物自然保护区的相关数据。每个水生生物自然保护区的特征指标包括所在地（省市县三级）、保护区名称、地理坐标、保护区面积、主要保护对象、保护区类型、级别、建立（晋升）时间、批准文件、管理机构等。每个指标定义与《新建自然保护区和水产种质资源保护区情况调查表》中对应的指标一致。所在地（省市县三级）需要填写水生生物自然保护区所属省级、市级、县级行政区划名称。

五、基本操作

包括【水生生物自然保护区数据库】和【新增保护区（可分类）】两项功能。点击【水生生物自然保护区数据库】可以查看、修改和删除各种水生生物自然保护区的基础数据，见图6-10。基础数据库相关内容可以按照所属区域、主要保护对象、保护区类型、保护区级别、信息上报状态、建立和晋升时间、截止时间等关键字进行检索。

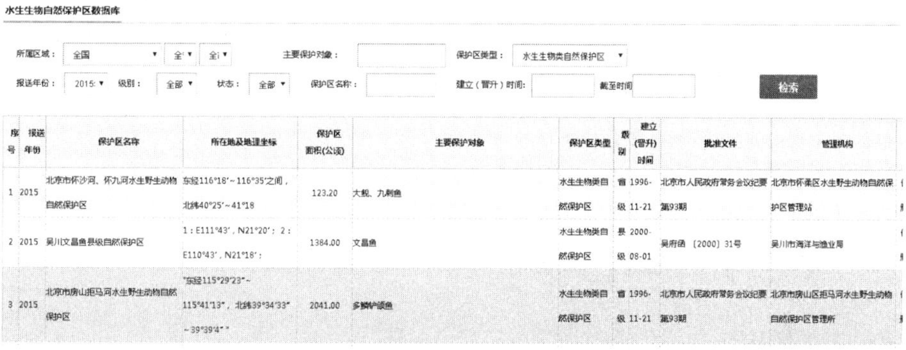

图6-10　水生生物自然保护区数据库管理界面

打开资源养护信息采集栏，点击【新增保护区（可分类）】按钮，可以添加新的水产种质资源保护区数据。见图6-11。注意一定要先选择报送年份和所属区划后方可进行填写，以保证信息正确录入。

图6-11　水生生物自然保护区数据库添加界面

第六节　增殖放流供苗单位数据库

一、设计依据

该数据库中数据均为增殖放流供苗单位的特征数据。数据来源包括两个方面，一方面由供苗单位网上自行注册后填写，经由所属县级渔业行政主管部门审核确认后即纳入数据库。另一方面由各级渔业行政主管部门和所属单位自行填写后纳入数据库。

二、设计目的

该数据库数据主要用于增殖放流供苗单位信息统计分析。设计目的主要是通过建立增殖放流供苗单位数据库实现对增殖放流供苗单位指标统计的标准化、规范化、科学化，方便对所有增殖放流供苗单位数据进行分析统计，了解掌握全国水生生物增殖放流供苗单位的基本情况，为增殖放流供苗单位管理提供参考。

三、数据结构

数据结构与《增殖放流苗种生产单位信息登记表》相同。

四、数据指标

数据库以每个增殖放流供苗单位为单位进行数据采集。目前数据库包括承担增殖放流苗种供应任务的苗种生产单位的相关数据，苗种生产单位包括承担各级财政和社会资金支持的增殖放流供苗任务的生产单位，苗种单位不仅限于中央财政增殖放流项目供苗单位，供应的苗种不仅限于经济物种，还包括珍稀濒危物种。每个增殖放流供苗单位的特征指标及其定义与《增殖放流苗种生产单位信息登记表》中对应的指标一致。

五、基本操作

包括【供苗单位数据库】一项功能。点击【供苗单位数据库】可以查看全国增殖放流供苗单位的基础数据，见图6-12。基础数据库相关内容可以按照资质、单位所在地、供应种类等关键字进行检索。

图6-12　供苗单位数据库管理界面

第七节　珍稀濒危苗种供应单位数据库

一、设计依据

该数据库中数据均为珍稀濒危苗种供应单位的特征数据。数据来源于农业部定期公布的关于珍稀濒危苗种供应单位的公告，数据由农业部管理员在系统后台通过新增方式录入。

二、设计目的

该数据库数据主要用于珍稀濒危苗种供应单位信息统计分析。设计目的主要是通过建立珍稀濒危苗种供应单位数据库实现对珍稀濒危苗种供应单位指标统计的标准化、规范化、科学化，方便对珍稀濒危苗种供应单位数据进行分析统计，与增殖放流供苗单位数据库配合使用，可以了解掌握全国水生生物增殖放流供苗单位的相关资质情况，为增殖放流供苗单位管理提供参考。

三、数据结构

为方便数据统计分析，珍稀濒危苗种供应单位先按农业部公告批次进行划分，分为第一批、第二批、第三批、第四批、第五批和第六批。然后按省级行政区划进行划分，再按放流物种进行划分。

四、数据指标

数据库以每个放流特定物种的珍稀濒危苗种供应单位为单位进行数据采集。

因此数据库中一家供苗单位可能重复出现，但其每个批次具备放流物种的资质是不同的。每个珍稀濒危苗种供应单位的特征指标包括省份、批次、单位名称、放流物种。批次指的是农业部公告珍稀濒危苗种供应单位的批次，包括第一批、第二批、第三批、第四批、第五批和第六批。放流物种指的是放流珍稀濒危物种的名称。

五、基本操作

包括【珍稀濒危苗种供应单位】和【添加】两项功能。点击【珍稀濒危苗种供应单位】可以查看、修改和删除各种珍稀濒危苗种供应单位的基础数据，见图6-13。基础数据库相关内容可以按照批次、省份、放流物种等关键字进行检索。

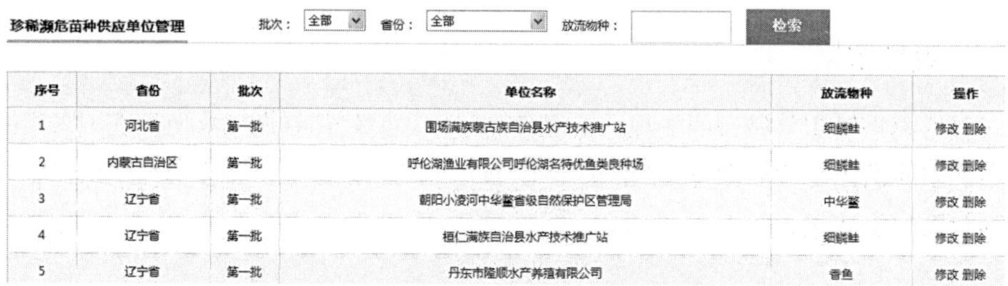

图6-13 珍稀濒危苗种供应单位管理界面

点击【添加】按钮，可以添加新的珍稀濒危供苗单位的基础数据，见图6-14。

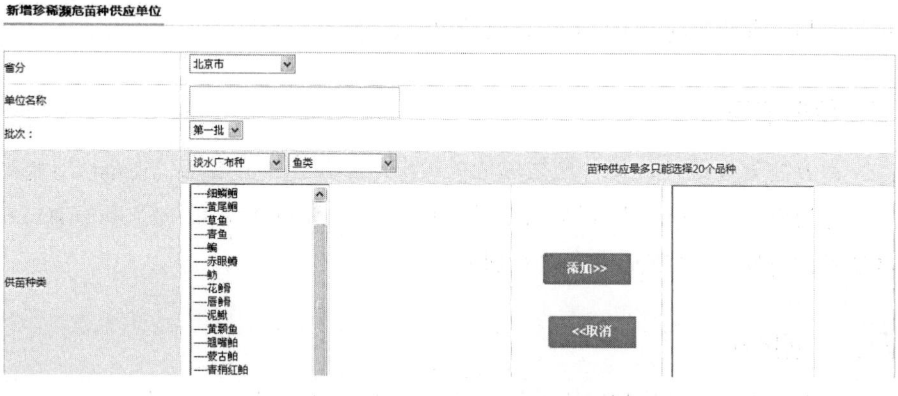

图6-14 珍稀濒危苗种供应单位添加界面

第八节　全国水产原良种体系数据库

一、设计依据

该数据库中数据均为全国水产原良种体系的特征数据。数据来源于农业部管理员收集整理的全国省级以上水产原良种场和省级增殖站，数据由农业部管理员在系统后台通过新增方式录入。

二、设计目的

该数据库数据主要用于全国水产原良种体系相关信息统计分析。设计目的主要是通过建立全国水产原良种体系数据库实现对全国水产原良种体系指标统计的标准化、规范化、科学化，方便对全国水产原良种体系数据进行分析统计，与增殖放流供苗单位数据库配合使用，可以了解掌握全国水生生物增殖放流供苗单位的相关资质情况，为增殖放流供苗单位管理提供参考。

三、数据结构

为方便数据统计分析，全国水产原良种体系先按照行政区划（省市县三级）进行划分，然后按照资质进行划分。资质分为国家级良种场、国家级原种场、省级良种场、省级原种场、市级良种场、市级原种场、省级渔业资源增殖站、珍稀濒危水生动物增殖放流苗种供应单位8种。再按照保育类别和保育种类进行划分。

四、数据指标

数据库以每个水产原良种场或增殖站为单位进行数据采集，包括省市级和国家级原良种场，以及省级渔业资源增殖站。每个水产原良种场或增殖站的特征指标包括行政区域（省、市、县）、原良种场或增殖站名称、资质、场区总面积等共有指标，还包括不同保育种类的特有指标，具体包括物种类别、保育种类、亲本数量、生产苗种规格、年苗种生产能力。其中物种类别指的是物种所属大类，包括淡水广布种、淡水区域种、海水物种、珍稀濒危物种和非增殖放流物种5类，数据全部引自《水生生物资源数据库》。保育种类指的是原良种场或增殖站保育物种的具体名称，数据全部引自《水生生物资源数据库》。每个水产原良种场或增殖站至少具备一种保育种类，也可以同时具备多种保育种类。亲本数量指的是水产原良种场或增殖站每一特定保育种类所拥有的亲本数量，包括当年参与繁育的亲本和后备亲本数量。生产苗种规格指的是水产原良种场或增殖站每一特定保育种类苗种生产的最主要规格。年苗种生产能力指的是水产原良种场或增殖站每年生产特定保育种类苗种（最主要规格）的数量。

五、基本操作

包括【全国水产原良种体系数据库】和【添加】两项功能。点击【全国水产原良种体系数据库】可以查看、修改和删除各种水产原良种场的基础数据，见图6-15。基础数据库相关内容可以按照资质、行政区划、物种类别、保育种类等关键字进行检索。

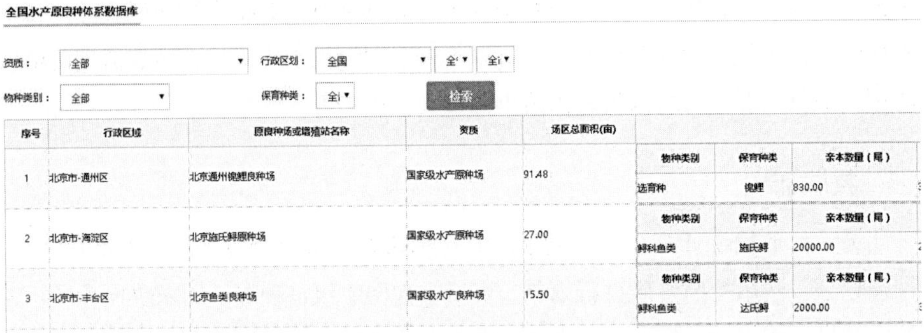

图6-15　全国水产原良种体系数据库管理界面

点击【添加】按钮，可以添加新的水产原良种场的基础数据，见图6-16。

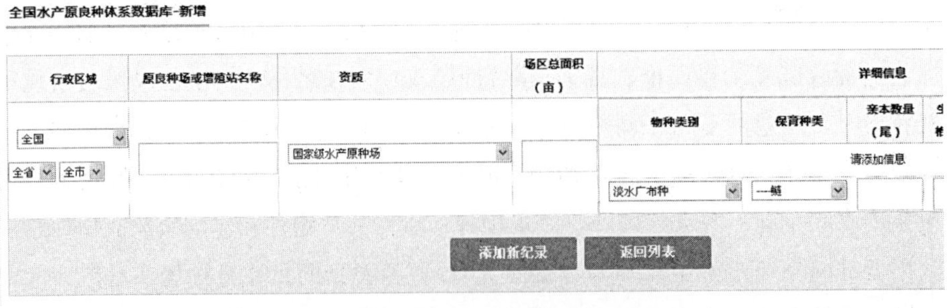

图6-16　全国水产原良种体系数据库添加界面

第九节　人工鱼礁（巢）/ 海洋牧场数据库

一、设计依据

该数据库中数据均为人工鱼礁（巢）和海洋牧场示范区的特征数据。数据来源包括两个方面，一方面2015年及以前的数据主要靠农业部管理员根据历史数据通过后台录入增加，另一方面2016年及以后的数据主要依靠采集各地填报的《人工鱼礁（巢）/海洋牧场示范区建设情况统计表》相关数据进行新增。

二、设计目的

该数据库数据主要用于人工鱼礁（巢）、海洋牧场示范区相关信息统计分析。设计目的主要是通过建立数据库实现人工鱼礁（巢）、海洋牧场示范区指标统计标准化、规范化、科学化，方便对人工鱼礁（巢）、海洋牧场示范区数据进行分析统计，为人工鱼礁（巢）、海洋牧场示范区管理提供参考。

三、数据结构

数据结构与《人工鱼礁（巢）/海洋牧场示范区建设情况统计表》相同。

四、数据指标

数据库以建设一处人工鱼礁（巢）、海洋牧场和创建一处海洋牧场示范区为单位进行数据采集。每个人工鱼礁（巢）、海洋牧场示范区的特征指标及定义与《人工鱼礁（巢）/海洋牧场示范区建设情况统计表》中对应的指标一致。

五、基本操作

包括【人工鱼礁海洋牧场数据库管理】和【添加】两项功能。点击【人工鱼礁海洋牧场数据库管理】可以查看、修改和删除各种人工鱼礁海洋牧场的基础数据，见图6-17。基础数据库相关内容可以区域、建设或创建类型、建设或创建时间等关键字进行检索。

点击【添加】按钮，可以添加新的人工鱼礁海洋牧场的基础数据，见图6-18。

图6-17　人工鱼礁海洋牧场数据库管理界面

图6-18　人工鱼礁海洋牧场数据库添加界面

第十节　资源养护专家信息库

一、设计依据

该数据库中数据均为资源养护专家的特征数据。数据来源包括两个方面，一方面农业部管理员和省级管理员根据各地报送纸质数据通过后台录入增加，另一方面专家自行注册填报。

二、设计目的

该数据库数据主要用于资源养护专家的相关信息统计分析和管理。设计目的主要是通过建立数据库实现资源养护专家指标统计标准化、规范化、科学化，方便对资源养护专家进行分析统计，为资源养护专家管理提供便利。

三、数据结构

数据基本结构与《全国水生生物资源养护专家信息库专家管理汇总表》相同。

四、数据指标

数据库以新增一个资源养护专家为单位进行数据采集。每个资源养护专家的特征指标及定义与专家基本信息、学习工作经历信息、工作领域信息、联系信息以及相关管理信息等指标体系中对应的指标一致。

五、基本操作

包括【专家管理】和【新增】两项功能。点击【专家管理】可以查看、修改和删除各种资源养护专家的基础数据，见图6-19。基础数据库相关内容可以根据单位所在地、单位所属系统、单位性质、职称、性别、年龄、专业组别、工作领域、省级认定、部级认定、姓名等指标进行检索。

表6-19 资源养护专家数据库管理界面

点击【新增】按钮，可以添加新的资源养护专家的基础数据，见图6-20。

表6-20 资源养护专家数据库新增界面

第七章

系统首页

第一节　平台概况

系统首页以门户网站形式显示。首页子栏目包括通知公告、工作动态、政策法规、技术标准、公共基础数据库、公共信息服务平台、相关链接、主系统登录界面、国家级水产种质资源保护区信息系统登录界面9项内容。该信息平台的主要作用是通过网络形式开展水生生物资源养护宣传，网站可以及时公布资源养护方面的通知公告、工作动态、政策法规以及相关技术标准等，资源养护方面各子系统网站以公共信息服务平台的方式集中向外界展示，信息系统采集的相关资料经审核后以基础数据库的形式向社会公开，有利于社会各界人士了解我国资源养护工作开展情况，增强公众生态环境保护意识，共同参与水域生态文明建设。

第二节　工作动态

主要内容是我部和各地在水生生物资源养护方面开展的重要活动和资源养护工作动态情况，服务对象主要是各级渔业行政主管部门和关注资源养护工作的社会人士。该栏目主要通过动态展示图和文章链接的形式对外展示相关内容（图7-1），栏目内容也可以通过网站首页导航栏对应栏目查看更多内容（图7-2）。该栏目内容主要由农业部管理员通过系统后台进行发布和维护。

工作动态

- 于康震：加强渔业资源养护 积极发展生态养殖 大力推…　08-30
- 甘肃省在黄河兰州段与农业部同步举行全国"放鱼日"…　06-15
- 于康震：以科技为支撑 以市场为导向 实现有质量的渔…　06-15
- 农业部等四部门紧急部署渔业安全生产工作　06-15
- 水生生物增殖放流活动在全国范围同步举行　06-15
- 全国渔业渔政工作会议在京召开　04-05
- 全国海洋生态研讨会在广州召开　04-01

图7-1　网站工作动态展示

图7-2　网站导航栏工作动态展示

第三节　通知公告

主要内容是国家水生生物资源养护工作方面的重要通知和公告，服务对象主要是各级渔业行政主管部门和关注资源养护工作的社会人士。该栏目主要通过文章链接的形式对外展示相关内容（图7-3），栏目内容也可通过网站首页导航栏对应栏目查看更多内容。该栏目内容主要由农业部管理员通过系统后台进行发布和维护。

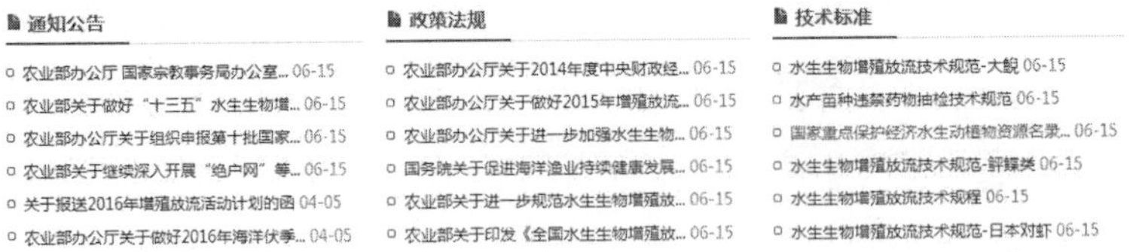

图7-3　网站通知公告展示

第四节　政策法规

主要内容是水生生物资源养护工作方面的相关管理制度和法律法规。服务对象主要是各级渔业行政主管部门和关注资源养护工作的社会人士。该栏目主要通过文章链接的形式对外展示相关内容，栏目内容也可通过网站首页导航栏对应栏目查看更多内容。该栏目分为增殖放流、资源养护、捕捞管理、环境保护、水野救护5类（图7-4），打开网站导航栏对应栏目，再点击对应的类别可查看相应的法律法规。该栏目内容主要由农业部管理员通过系统后台数据库进行发布和维护。

图7-4　网站导航栏政策法规展示

第五节　技术标准

主要内容是水生生物资源养护工作方面的相关技术规范和行业标准。服务对象主要是资源养护工作相关科研推广教学部门和资源养护具体实施单位。该栏目主要通过文章链接的形式对外展示相关内容，栏目内容也可通过网站首页导航栏对应栏目查看更多内容。该栏目分为增殖放流、资源养护、捕捞管理、环境保护、水野救护5类，打开网站导航栏对应栏目，再点击对应的类别可查看相应的技术标准。该栏目内容主要由农业部管理员通过系统后台数据库进行发布和维护。

第六节　公共基础数据库

公共基础数据库栏目包括水生生物资源数据库、增殖放流水域划分数据库、增殖放流基础数据库、水产种质资源保护区数据库、水生生物自然保护区数据库、增殖放流供苗单位数据库、增殖放流供苗单位（黑名单）数据库、珍稀濒危苗种供应单位数据库、全国水产原良种体系数据库以及人工鱼礁（巢）、海洋牧场及示范区数据库、资源养护专家信息库11个数据库（图7-5）。数据库数据来源于各地报送的资源养护基础数据以及农业部管理员根据历史数据自行添加的相关数据。网站首页各基础数据库的内容与农业部权限下基础数据库内容一致，但仅提供检索查看功能，不能进行修改和删除。数据库可以在一定程度上反映水生生物资源养护工作开展情况，并可为资源养护科研工作提供重要的基础数据，为资源养护管理工作提供重要的技术支持。服务对象主要是各级渔业行政主管部门、资源养护工作相关科研推广教学部门、资源养护具体实施和执行单位、资源养护专家，以及关注资源养护工作的社会人士。

图7-5　网站公共基础数据库展示

一、水生生物资源数据库

该数据库中数据均为增殖放流物种的基本生物学特征数据。数据资料主要源于《农业部关于做好"十三五"水生生物增殖放流工作的指导意见》（以下简称《指导意见》）中的附表。该数据库将水生生物物种参考《指导意见》的划分方法分为5大类，分别为：淡水广布种、淡水区域种、海水物种、珍稀濒危物种和非增殖放流物种。每个物种特征指标包括中文学名、拉丁文名、别名或俗名、分布区域、食性和功能定位等。基础数据库相关内容可以按照物种分类（一级）和关键字进行检索（图7-6）（彩图12）。

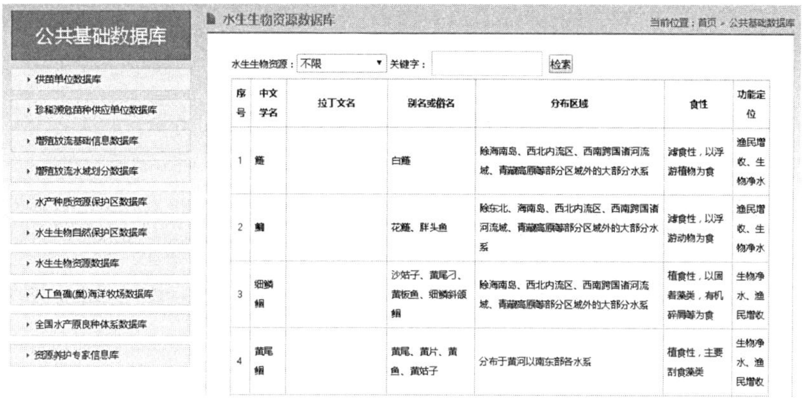

序号	中文学名	拉丁文名	别名或俗名	分布区域	食性	功能定位
1	鲢		白鲢	除海南岛、西北内流区、西南跨国诸河流域、青藏高原等部分区域外的大部分水系	滤食性，以浮游植物为食	渔民增收、生物净水
2	鳙		花鲢、胖头鱼	除东北、海南岛、西北内流区、西南跨国诸河流域、青藏高原等部分区域外的大部分水系	滤食性，以浮游动物为食	渔民增收、生物净水
3	细鳞鲴		沙姑子、黄尾刁、黄板鱼、细鳞斜颌鲴	除海南岛、西北内流区、西南跨国诸河流域、青藏高原等部分区域外的大部分水系	植食性，以固着藻类，有机碎屑等为食	生物净水、渔民增收
4	黄尾鲴		黄尾、黄片、黄鱼、黄姑子	分布于黄河以南东部各水系	植食性，主要刮食藻类	生物净水、渔民增收

图7-6　网站水生生物资源数据库展示

二、增殖放流水域划分数据库

该数据库中数据均为我国增殖放流水域划分的特征数据。该数据库将全国内陆水域划分为35个流域，并根据各水域水生生物区系分布，将面积较大的流域，最终全国内陆水域被划分为102个单元。全国沿岸和近海海域划分为16个海区。全国共分为118个水域划分单元。每个划分单元的特征指标包括水域划分名称、行政区域范围、包括水域、包括重要规划水域、流域面积、水域地理和水文特征、重要及特有物种等。基础数据库相关内容可以按照行政区划、水域划分名称、包括水域、重要规划水域、重要物种和特有物种名称和流域面积进行检索（图7–7）。

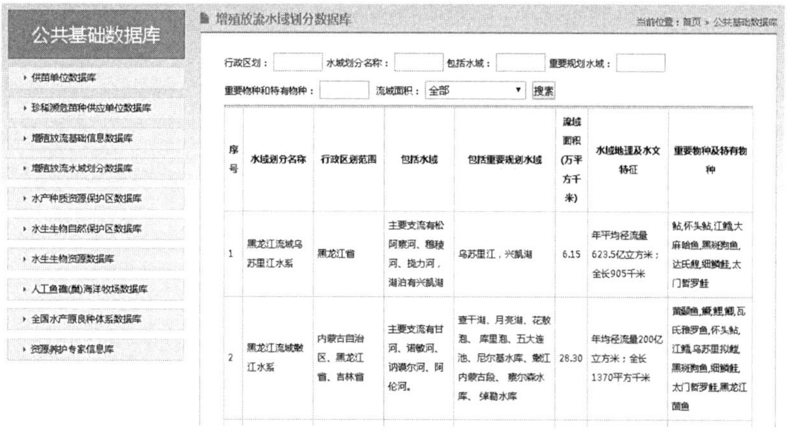

序号	水域划分名称	行政区划范围	包括水域	包括重要规划水域	流域面积(万平方千米)	水域地理及水文特征	重要物种及特有物种
1	黑龙江流域乌苏里江水系	黑龙江省	主要支流有松阿察河、穆棱河、挠力河，湖泊有兴凯湖	乌苏里江，兴凯湖	6.15	年平均径流量623.5亿立方米；全长905千米	鲇,怀头鲇,江鳕,大麻哈鱼,黑斑狗鱼,达氏鳇,细鳞鲑,太门哲罗鲑
2	黑龙江流域嫩江水系	内蒙古自治区、黑龙江省、吉林省	主要支流有甘河、诺敏河、讷谟尔河、阿伦河。	查干湖、月亮湖、花敖泡、库里泡、五大连池、尼尔基水库、嫩江内蒙古段、察尔森水库、绰勒水库	28.30	年均径流量200亿立方米；全长1370平方千米	黄颡鱼,鳜,鲤,鲫,瓦氏雅罗鱼,怀头鲇,江鳕,乌苏里拟鲿,黑斑狗鱼,细鳞鲑,太门哲罗鲑,黑龙江茴鱼

图7-7　网站增殖放流水域划分数据库展示

水域划分的目的是合理确定不同水域增殖放流适宜物种，确保水域生态安全，加强"十三五"增殖放流科学性和规范性。原因是根据近年来科学研究表明，我国内陆和沿海水域的鱼类、两栖类及爬行类都存在地理种群，即地理上存在明显的遗传分化，形成不同的地理亚种。因此用于增殖放流物种的亲本应来源于放流水域原产地，即"哪里来哪里放"原则，不应跨水系跨流域放流物种。因此需要将水生生物资源分布和地理区划将全国增殖放流内陆水域按流域和水系进行科学划分，以提高全国水生生物增殖放流的规范性和科学性。为发挥水域划分的指导作用，将全国所有规划和非规划放流水域按照其地理分布全部纳入对应的所属流域水系和海区。

三、增殖放流基础信息数据库

该数据库中数据均为增殖放流地点的特征数据。从地点类型来看，增殖放流地点包括重要江河、重要湖泊、重要水库、重要海域、其他海域以及内陆其他水域。其中地点类型为重要江河、重要湖泊、重要水库、重要海域的增殖放流水域均为规划放流水域，数据资料主要源于《农业部关于做好"十三五"水生生物增殖放流工作的指导意见》中的附表。地点类型为其他海域以及内陆其他水域的增殖放流水域均为非规划放流水域。增殖放流地点按《指导意见》片区分类方法，将内陆水域划分为东北区、华北区、长江中下游区、东南区、西南区、西北区6个区，近岸海域划分为渤海、黄海、东海和南海4个区。在此基础上，为规范增殖放流工作开展，进一步将全国内陆水域划分为35个流域82个水系，沿岸和近海海域划分为16个海区，共118个水域划分单元。最后，增殖放流地点按照地点类型不同，划分为重要江河、重要湖泊、重要水库、重要海域、其他海域以及内陆其他水域6种类型。每个增殖放流地点的特征指标包括所属片区、地点类型、所属水域划分、地点名称、行政范围、面积、主要适宜放流物种等。基础数据库相关内容可以按照所属片区、地点类型和关键字等进行检索（图7-8）。

图7-8　网站增殖放流基础信息数据库展示

四、水产种质资源保护区数据库

该数据库中数据均为水产种质资源保护区的特征数据。数据来源包括两个方面，一方面2015年及以前的数据主要由农业部管理员根据历史数据通过后台录入增加，另一方面2016年及以后的数据主要依靠采集各地填报的《新建自然保护区、水产种质资源保护区情况调查表》相关数据新增。目前数据库仅包括国家级和省级水产种质资源保护区的相关数据。每个水产种质资源保护区的特征指标包括所在地（省市县三级）、保护区名称、地理坐标、保护区面积，主要保护对象，保护区类型，级别，建立（晋升）时间，批准文件、管理机构等。基础数据库相关内容可以按照保护区建立时间、建立保护区的级别（国家级、省级、地市级、县级）、状态（已审核、未审核）和保护区名称关键字等进行检索（图7-9）。

图7-9　网站水产种质资源保护区数据库展示

五、水生生物自然保护区数据库

该数据库中数据均为水生生物自然保护区的特征数据。数据来源包括两个方面，一方面2015年及以前的数据主要由农业部管理员根据历史数据通过后台录入增加，另一方面2016年及以后的数据主要依靠采集各地填报的《新建自然保护区和水产种质资源保护区情况调查表》相关数据新增。目前数据库包括国家级、省级、市级水生生物自然保护区的相关数据。每个水生生物自然保护区的特征指标包括所在地（省市县三级）、保护区名称、地理坐标、保护区面积，主要保护对象，保护区类型，级别，建立（晋升）时间，批准文件、管理机构等。基础数据库相关内容可以按照单位所在地、主要保护对象、报送保护区建立时间、建立保护区的级别（国家级、省级、地市级、县级）、状态（已审核、未审核）和保护区名称关键字等进行检索（图7-10）。

图7-10　网站水生生物自然保护区数据库展示

六、增殖放流供苗单位数据库

该数据库中数据均为增殖放流供苗单位的特征数据。数据来源包括两个方面，一方面由供苗单位网上自行注册后填写，经由所属县级渔业行政主管部门审核确认后即纳入数据库，另一方面由各级渔业行政主管部门和所属单位自行填写后纳入数据库。目前数据库包括承担增殖放流苗种供应任务的苗种生产单位的相关数据，苗种生产单位包括承担各级财政和社会资金支持的增殖放流供苗任务的生产单位，苗种单位不仅限于中央财政增殖放流项目供苗单位，供应的苗种不仅限于经济物种，还包括珍稀濒危物种。基础数据库相关内容可以按照单位所在地（全国省市县四级）、单位资质、单位名称、供应苗种、信誉等级等进行检索（图7–11）。

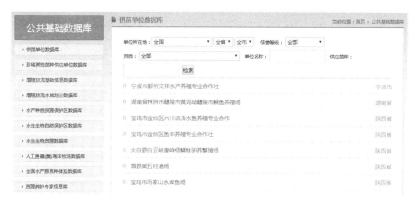

图7–11　网站增殖放流供苗单位数据库展示

七、珍稀濒危苗种供应单位数据库

该数据库中数据均为珍稀濒危苗种供应单位的特征数据。数据来源于农业部定期公布的关于珍稀濒危苗种供应单位的公告，数据由农业部管理员在系统后台通过新增方式录入。珍稀濒危苗种供应单位先按农业部公告批次进行划分，分为第一批、第二批、第三批、第四批、第五批和第六批。然后按省级行政区划进行划分，再按放流物种进行划分。每个珍稀濒危苗种供应单位的特征指标包括省份、批次、单位名称、放流物种。基础数据库相关内容可以根据批次、省份、供应苗种进行检索（图7–12）。

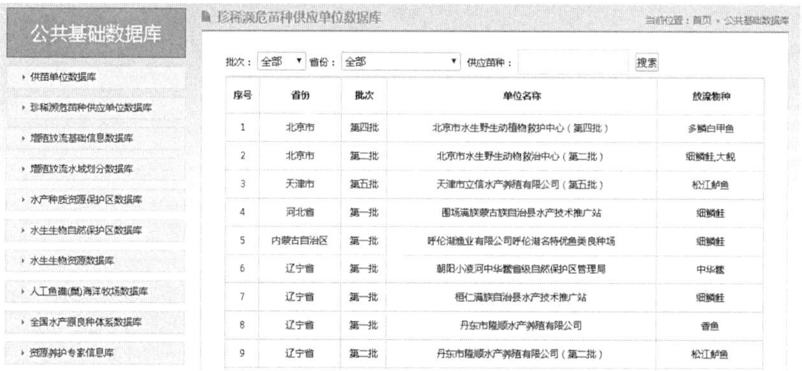

序号	省份	批次	单位名称	放流物种
1	北京市	第四批	北京市水生野生动植物救护中心（第四批）	多鳞白甲鱼
2	北京市	第二批	北京市水生野生动物救治中心（第二批）	细鳞鲑,大鲵
3	天津市	第五批	天津市立信水产养殖有限公司（第五批）	松江鲈鱼
4	河北省	第一批	围场满族蒙古族自治县水产技术推广站	细鳞鲑
5	内蒙古自治区	第一批	呼伦湖渔业有限公司呼伦湖名特优鱼类良种场	细鳞鲑
6	辽宁省	第一批	朝阳小凌河中华鳖省级自然保护区管理局	中华鳖
7	辽宁省	第一批	桓仁满族自治县水产技术推广站	细鳞鲑
8	辽宁省	第一批	丹东市隆顺水产养殖有限公司	香鱼
9	辽宁省	第二批	丹东市隆顺水产养殖有限公司（第二批）	松江鲈鱼

图7–12　网站珍稀濒危苗种供应单位数据库展示

八、全国水产原良种体系数据库

该数据库中数据均为全国水产原良种体系的特征数据。数据来源于前期收集整理的全国省级以上水产原良种场和省级增殖站，数据由农业部管理员在系统后台通过新增方式录入。全国水产原良种体系数据库先按照行政区划（省、市、县）进行划分，然后按照资质进行划分。资质分为：国家级良种场、国家级原种场、省级良种场、省级原种场、市级良种场、市级原种场、省级渔业资源增殖站、珍稀濒危水生动物增殖放流苗种供应单位8种。再按照保育类别和保育种类进行划分。全国水产原良种体系数据库包括省市级和国家级原良种场，以及省级渔业资源增殖站。每个水产原良种场或增殖站的特征指标包括行政区域（省、市、县）、原良种场或增殖站名称、资质、场区总面积等共有指标，还包括不同保育种类的特有指标，具体包括物种类别、保育种类、亲本数量、生产苗种规格、年苗种生产能力。基础数据库相关内容可以根据区域（全国、省、市、县四级）、单位资质、供应苗种进行检索（图7-13）。

图7-13　网站全国水产原良种体系数据库展示

九、人工鱼礁（巢）海洋牧场数据库

该数据库中数据均为人工鱼礁（巢）、海洋牧场及示范区的特征数据。数据来源包括两个方面，一方面2015年及以前的数据主要靠农业部管理员根据历史数据通过后台录入增加，另一方面2016年及以后的数据主要依靠采集各地填报的《人工鱼礁（巢）/海洋牧场示范区建设情况统计表》数据进行新增。每个人工鱼礁（巢）、海洋牧场及示范区的特征指标包括人工鱼礁（巢）、海洋牧场及示范区名称，建设或创建地点，建设或创建时间，覆盖水域或海域面积，建设或创建类型、建设或创建规模、资金金额、资金来源、管理和维护单位等。基础数据库相关内容可以根据区域（全国、省、市、县四级）、创建类型、建设或创建时间进行检索（图7-14）。

图7-14　网站人工鱼礁（巢）、海洋牧场及示范区数据库展示

十、资源养护专家数据库

该数据库中数据均为资源养护专家的特征数据。数据来源包括两个方面，一方面由资源养护专家网上自行注册后填写，经由单位所在地所属省级渔业行政主管部门审核确认后即纳入数据库，另一方面由省级渔业行政主管部门和部直属单位自行填写纳入数据库。每个资源养护专家的特征指标包括基本信息、工作学习经历信息、工作领域信息、联系信息、相关管理信息5部分相关内容。基础数据库相关内容可以根据单位所在地、单位所属系统、单位性质、职称、性别、年龄、专业组别、工作领域、省级认定、部级认定、姓名11项指标进行检索（图7-15）。点击专家名称还可以查看专家的具体信息（图7-16）。

图7-15　网站资源养护专家信息库展示

基本信息	工作单位	大连海洋大学	单位所在地	辽宁省-大连市-瓦房店市	单位性质	教学单位
	单位所属系统	地方机构	所在部门	无	职务	无
	职称	正高级	主要社会兼职	中国水产学会,常务理事;中国水产学会海洋牧场研究会,主任委员		
工作学习经历信息	毕业院校	东京海洋大学	学历	博士研究生	所学专业	海洋生物环境
	工作经历	1982.9~1990.10 大连水产学院 教师 1999.10至今 大连海洋大学 教师				
	目前主要从事工作	海洋牧场的科研、教学、培训、科普、科技服务等工作				
	研究或擅长领域	现代海洋牧场科技研发与示范推广;现代海洋牧场规划设计与建设管理的研究与应用;人工鱼礁生态工程技术的研究与应用等。				

图7-16　网站资源养护专家信息库专家具体信息展示

十一、增殖放流供苗单位（黑名单）数据库

　　该数据库中数据均为增殖放流供苗单位（黑名单）的特征数据。数据来源主要是由农业部管理员根据正式文件确认后将部分增殖放流供苗单位纳入数据库。目前数据库包括苗种生产单位（黑名单）的相关数据，苗种生产单位即包括已承担各级财政和社会资金支持的增殖放流供苗任务的生产单位，也包括未承担增殖放流供苗任务的生产单位。基础数据库相关内容可以按照单位所在地（全国、省、市、县4级）、单位资质、供应苗种进行检索（图7-17）。

图7-17　网站增殖放流供苗单位（黑名单）数据库展示

第七节　相关链接

通过相关链接可直接打开相关网站。相关链接主要包括农业部渔业渔政管理局、全国水产技术推广总站、中国水产科学研究院、水产种质资源保护区管理、水生生物自然保护区管理、部分地方渔业主管厅局等网站。该栏目内容主要由农业部管理员通过系统后台进行维护。

第八节　主系统登录界面

各级渔业相关部门（包括省市县渔业行政主管部门和省市本级、部直属用户）可以通过该界面下的"主管部门"一栏登录系统，进行系统使用操作（图7-18）。其中农业部、省、市渔业行政主管部门主要开展资源养护信息数据审核，县级渔业行政主管部门、省市本级或直属单位、部直属单位等基层填报单位主要开展资源养护信息数据填报。增殖放流供苗单位可以通过该界面下的"注册"和"登录"栏登录系统，进行供苗单位信息备案。资源养护专家可以通过供苗单位注册登录界面下的"专家注册"和"登录"栏登录系统，进行专家信息填报。

图7-18　网站主系统登录界面展示

第九节　国家级水产种质资源保护区信息系统登录界面

各级渔业相关部门可以通过该界面下的各个栏目（图7-19），直接登录国家级水产种质资源保护区信息系统相应的各个栏目（图7-20）。具体包括系统介绍、数据查询、用户登录、工作动态、政策法规、保护区名录、保护物种、信息查询、汇总分析、GIS系统等栏目。

图7-19　网站国家级水产种质资源保护区信息系统登录界面展示

图7-20 国家级水产种质资源保护区信息系统网站首页展示

第十节 资源养护公共信息服务平台

主要内容是水生生物资源养护工作方面的相关子网站服务对象主要是子网站的相关用户。该平台初步整合国家级海洋牧场示范区管理信息系统、全国水生野生动物保护分会网站、全国水生生物自然保护区信息网、鳗鱼身份信息追溯系统、全国渔业生态环境监测信息系统、CITES鱼子酱标识系统、农业部养殖大鲵及其产品标识管理系统、全国水生哺乳动物管理系统、增殖放流供苗单位黑名单信息公开等子信息系统，各相关用户可通过该界面下的各个模块（图7-21），直接登录相应的子信息系统。

图7-21　网站资源养护公共信息服务平台展示

第十一节　其他栏目

其他栏目包括网站首页最下端的"关于本系统""联系我们"和"中国水产微信二维码"等栏目（图7-22）。"关于本系统"主要介绍系统设计开发的基本情况，包括系统开发依据、目的和作用。"联系我们"主要显示系统开发部门的联系方式。点击"中国水产微信二维码"可以显示相应的二维码，用手机扫描后可加入中国水产微信公众号。

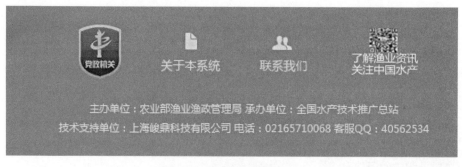

图7-22　网站其他栏目展示图

附件

信息系统数据填报字数限制及要求

一、字段填报说明

1. 长度　为可填写数据的最大限度，例如，长度为50，则表示可以填写50个字符或汉字，在这里abc的字符也占1个长度，汉字也占1个长度。

2. 小数位　如果是文本则不用考虑小数位的问题，相应文本类型的小数位是0，整数也是0，有些数字类型则是保留2位小数。

二、基础报表数据填报具体规则表

见表1至表13。

表1　数据填报规则（供苗单位－基本信息）

序号	字段	数据类型	长度	小数位	说明
1	用户名	文本	50	0	
2	密码	文本	50	0	
3	单位名称	文本	50	0	
4	从业起始时间	文本	50	0	
5	苗种繁育基地地址	文本	50	0	分为3段填写，总长度不超过50
6	联系人	文本	10	0	
7	职工人数	文本	10	0	
8	水产苗种生产许可证编号	文本	80	0	
9	电子邮件	文本	80	0	
10	联系电话（固话）	文本	50	0	
11	手机号码	文本	50	0	
12	单位类型	文本	120	0	
13	单位资质	文本	100	0	每个选项不超过100个
14	供苗种类	文本	350	0	选择不可超过50个种类

表2　数据填报规则（供苗单位－其他信息）

序号	字段	数据类型	长度	小数位	说明
1	场区总面积	文本	50	0	
2	室外池塘面积	文本	50	0	
3	室内培育设施面积	文本	50	0	
4	技术依托单位	文本	100	0	
5	技术研发创新成果	文本	300	0	
6	近3年苗种药残抽检结果	文本	50	0	
7	近3年水生动物检疫结果	文本	50	0	

表3 数据填报规则（供苗单位－苗种亲本情况）

序号	字段	数据类型	长度	小数位	说明
1	总数量	整数	8	0	
2	当年可繁殖亲本数量	整数	8	0	
3	平均繁殖量	整数	8	0	

表4 数据填报规则（供苗单位－苗种供应能力）

序号	字段	数据类型	长度	小数位	说明
1	规格	文本	50	0	
2	苗种成本价格	数字	9	2	
3	苗种年供应能力	数字	9	2	

表5 数据填报规则（供苗单位－承担增殖放流任务情况）

序号	字段	数据类型	长度	小数位	说明
1	放流水域	文本	50	0	
2	放流数量	数字	9	2	
3	规格	数字	9	2	
4	单价	数字	9	2	
5	增殖放流活动组织单位	文本	80	0	

表6 数据填报规则（水生生物增殖放流基础数据）

序号	字段	数据类型	长度	小数位	说明
1	放流资金	数字	9	2	自动计算
2	组织单位	文本	50	0	
3	放流品种	文本	50	0	
4	放流数量	数字	9	4	
5	放流规格	数字	9	2	
6	中央投资	数字	9	2	
7	省级投资	数字	9	2	
8	市县投资	数字	9	2	
9	社会投资	数字	9	2	
10	供苗单位	文本	80	0	系统提示：不超过80个字符
11	备注	文本	250	0	系统提示：不超过250个字符

表7 数据填报规则（渔业水域污染事故情况）

序号	字段	数据类型	长度	小数位	说明
1	污染地点	文本	50	0	
2	污染面积	数字	9	2	
3	污染源及造成污染的原因	文本	100	0	系统提示：不超过100个字符
4	主要污染物	文本	50	0	
5	责任方	文本	50	0	
6	赔偿情况	数字	9	2	
7	损失种类	文本	50	0	3
8	损失数量	数字	9	2	
9	经济损失情况	数字	9	2	

表8 数据填报规则（渔业生态环境影响评价工作情况调查统计表）

序号	字段	数据类型	长度	小数位	说明
1	项目名称	文本	250	0	
2	项目实施地点	文本	50	0	
3	工程位置	文本	250	0	
4	参与情况	文本	250	0	
5	工程对渔业（保护区）影响情况	文本	250	0	
6	采取措施	文本	250	0	
7	补偿金额	数字	9	2	
8	备注	文本	250	0	

表9 数据填报规则（禁渔区和禁渔期制度情况统计表）

序号	字段	数据类型	长度	小数位	说明
1	禁渔名称	文本	50	0	系统提示：不超过50个字符
2	禁渔范围	文本	150	0	系统提示：不超过150个字符
3	保护对象	文本	50	0	
4	禁渔作业类型	文本	50	0	
5	涉及渔船数量	整数	8	0	
6	涉及渔民数量	整数	8	0	

表10 数据填报规则（新建自然保护区、水产种质资源保护区情况调查表）

序号	字段	数据类型	长度	小数位	默认值	说明
1	保护区名称	文本	150	0		
2	所在地及地理坐标	文本	500	0		
3	保护区面积	数字	9	2		
4	主要保护对象	文本	500	0		
5	批准文件	文本	500	0		
6	管理机构	文本	500	0		

表11 数据填报规则（濒危物种专项救护情况统计表）

序号	字段	数据类型	长度	小数位	说明
1	发现位置	文本	50	0	
2	救护数量	整数	8	0	
3	后续处理情况	文本	100	0	

表12 数据填报规则（人工鱼礁（巢）/海洋牧场示范区建设情况统计表）

序号	字段	数据类型	长度	小数位	说明
1	人工鱼礁（巢）/海洋牧场示范区名称	文本	50	0	系统提示：不超过50个字符
2	建设地点	文本	50		
3	覆盖海域	数字	9	2	
4	建设规模	数字	9	2	
5	资金来源	文本	50	0	
6	管理维护单位	文本	50	0	
7	资金金额	数字	9	2	

表13 数据填报规则（农业资源及生态保护补助项目增殖放流情况统计表）

序号	字段	数据类型	长度	小数位	说明
1	所有字段	数字	9	2